《科学美国人》精选系列

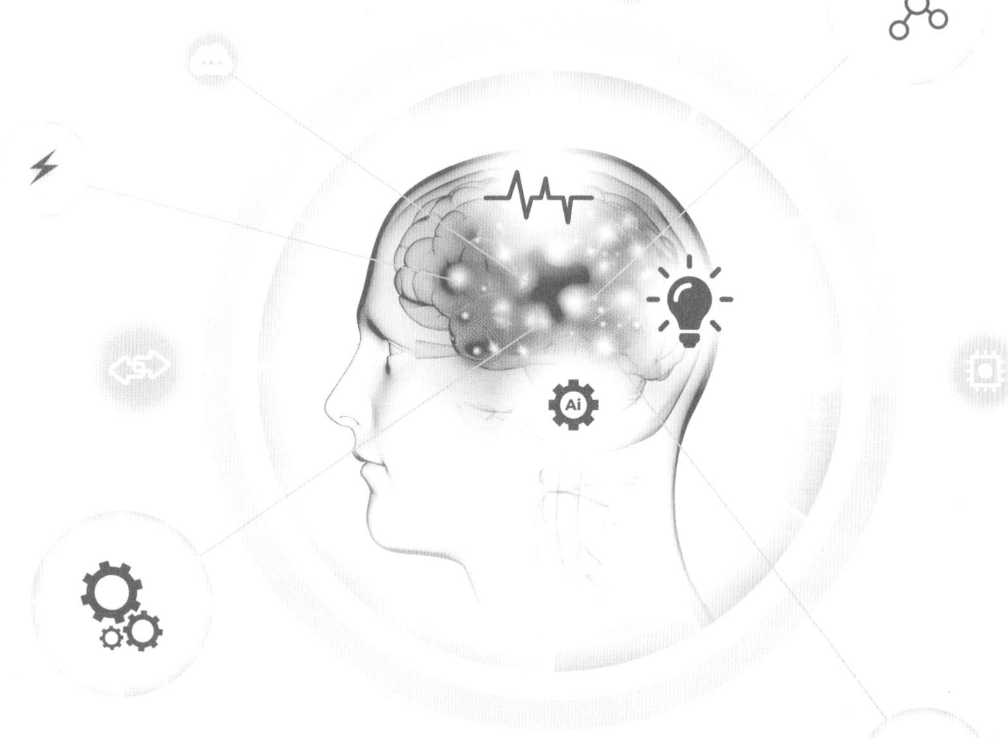

走近读脑时代

《环球科学》杂志社
外研社科学出版工作室 编

外语教学与研究出版社
FOREIGN LANGUAGE TEACHING AND RESEARCH PRESS
北京 BEIJING

图书在版编目（CIP）数据

走近读脑时代 /《环球科学》杂志社，外研社科学出版工作室编．-- 北京 ：外语教学与研究出版社，2019.1（2022.9 重印）
（《科学美国人》精选系列）
ISBN 978-7-5213-0707-8

Ⅰ．①走… Ⅱ．①环… ②外… Ⅲ．①脑科学－普及读物 Ⅳ．①Q983-49

中国版本图书馆 CIP 数据核字（2019）第 027343 号

出 版 人　王　芳
项目策划　刘晓楠
责任编辑　丛　岚
责任校对　刘雨佳
装帧设计　水长流文化
出版发行　外语教学与研究出版社
社　　址　北京市西三环北路 19 号（100089）
网　　址　http://www.fltrp.com
印　　刷　北京华联印刷有限公司
开　　本　710×1000　1/16
印　　张　12.5
版　　次　2019 年 3 月第 1 版　2022 年 9 月第 3 次印刷
书　　号　ISBN 978-7-5213-0707-8
定　　价　59.80 元

购书咨询：（010）88819926　电子邮箱：club@fltrp.com
外研书店：https://waiyants.tmall.com
凡印刷、装订质量问题，请联系我社印制部
联系电话：（010）61207896　电子邮箱：zhijian@fltrp.com
凡侵权、盗版书籍线索，请联系我社法律事务部
举报电话：（010）88817519　电子邮箱：banquan@fltrp.com
物料号：307070001

《科学美国人》精选系列

序

集成再创新的有益尝试

欧阳自远
中国科学院院士　中国绕月探测工程首席科学家

《环球科学》是全球顶尖科普杂志《科学美国人》的中文版，是指引世界科技走向的风向标。我特别喜爱《环球科学》，因为她长期以来向人们展示了全球科学技术丰富多彩的发展动态；生动报道了世界各领域科学家的睿智见解与卓越贡献；鲜活记录着人类探索自然奥秘与规律的艰辛历程；传承和发展了科学精神与科学思想；闪耀着人类文明与进步的灿烂光辉，让我们沉醉于享受科技成就带来的神奇、惊喜之中，对科技进步充满敬仰之情。在轻松愉悦的阅读中，《环球科学》拓展了我们的知识，提高了我们的科学文化素养，也净化了我们的灵魂。

《环球科学》的撰稿人都是具有卓越成就的科学大家，而且文笔流畅，所发表的文章通俗易懂、图文并茂、易于理解。我是《环球科学》的忠实读者，每期新刊一到手就迫不及待地翻阅以寻找自己最感兴趣的文章，并会怀着猎奇的心态浏览一些科学最前沿命题的最新动态与发展。对于自己熟悉的领域，总想知道新的发现和新的见解；对于自己不熟悉的领域，总想增长和拓展一些科学知识，了解其他学科的发展前沿，多吸取一些营养，得到启发与激励！

每一期《环球科学》都刊载有很多极有价值的科学成就论述、前沿科学进展与突破的报告以及科技发展前景的展示。但学科门类繁多，就某一学科领域来说，必然分散在多期刊物内，难以整体集中体现；加之每一期《环球科学》只有在一个多月的销售时间里才能与读者见面，过后在市面上就难以寻觅，查阅起来也极不方便。为了让更多的人能够长期、持续和系统地读到《环球科学》的精品文章，《环球科学》杂志社和外语教学与研究出版社合作，将《环球科学》刊登的“前沿”栏目的精品文章，按主题分类，汇编成系列丛书，包括《大美生命传奇》《极简量子大观》《极简宇宙新知》《未来地球简史》《破译健康密码》《畅享智能时代》《走近读脑时代》《现代医学脉动》等，再度奉献给读者，让更多的读者特别是年轻的朋友们有机会系统地领略和欣赏众多科学大师的智慧风采和科学的无穷魅力。

当前，我们国家正处于科技创新发展的关键时期，创新是我们需要大力提倡和弘扬的科学精神。前沿系列丛书的出版发行，与国际科技发展的趋势和广大公众对科学知识普及的需求密切结合；是提高公众的科学文化素养和增强科学判别能力的有力支撑；是实现《环球科学》传播科学知识、弘扬科学精神和传承科学思想这一宗旨的延伸、深化和发扬。编辑出版这套丛书是一种集成再创新的有益尝试，对于提高普通大众特别是青少年的科学文化水平和素养具有很大的推动意义，值得大加赞扬和支持，同时也热切希望广大读者喜爱这套丛书！

欧阳自远

前言 科学奇迹的见证者

陈宗周

《环球科学》杂志社社长

1845年8月28日，一张名为《科学美国人》的科普小报在美国纽约诞生了。创刊之时，创办者鲁弗斯·波特就曾豪迈地放言：当其他时政报和大众报被人遗忘时，我们的刊物仍将保持它的优点与价值。

他说对了，当同时或之后创办的大多数美国报刊消失得无影无踪时，170岁的《科学美国人》依然青春常驻、风采迷人。

如今，《科学美国人》早已由最初的科普小报变成了印刷精美、内容丰富的月刊，成为全球科普杂志的标杆。到目前为止，它的作者包括了爱因斯坦、玻尔等160余位诺贝尔奖得主——他们中的大多数是在成为《科学美国人》的作者之后，再摘取了那顶桂冠的。它的无数读者，从爱迪生到比尔·盖茨，都在《科学美国人》这里获得知识与灵感。

从创刊到今天的一个多世纪里，《科学美国人》一直是世界前沿科学的记录者，是一个个科学奇迹的见证者。1877年，爱迪生发明了留声机，当他带着那个人类历史上从未有过的机器怪物在纽约宣传时，他的第一站便选择了《科学美国人》编辑部。爱迪生径直走进编辑部，把机器放在一张办公桌上，然后留声机开始说话了："编辑先生们，你们伏案工作很辛苦，爱迪生先生托我向你们问好！"正在工作的编辑们惊讶得目瞪口呆，手中的笔停在空中，久久不能落下。这一幕，被《科学美国人》记录下来。1877年12月，《科学美国人》刊文，详细介绍了爱迪生的这一伟大发明，留声机从此载入史册。

留声机，不过是《科学美国人》见证的无数科学奇迹和科学发现中的一个例子。

可以简要看看《科学美国人》报道的历史：达尔文发表《物种起源》，《科学美国人》马上跟进，进行了深度报道；莱特兄弟在《科学美国人》编辑的激励下，揭示了他们飞行器的细节，刊物还发表评论并给莱特兄弟颁发银质奖杯，作为对他们飞行距离不断进步的奖励；当"太空时代"开启，《科学美国人》立即浓墨重彩地报道，把人类太空探索的新成果、新思维传播给大众。

今天，科学技术的发展更加迅猛，《科学美国人》的报道因此更加精彩纷呈。无人驾驶汽车、私人航天飞行、光伏发电、干细胞医疗、DNA计算机、家用机器人、"上帝粒子"、量子通信……《科学美国人》始终把读者带领到科学最前沿，一起见证科学奇迹。

《科学美国人》也将追求科学严谨与科学通俗相结合的传统保持至今并与时俱进。于是，在今天的互联网时代，《科学美国人》及其网站当之无愧地成为报道世界前沿科学、普及科学知识的最权威科普媒体。

科学是无国界的，《科学美国人》也很快传向了全世界。今天，包括中文版在内，《科学美国人》在全球用15种语言出版国际版本。

《科学美国人》在中国的故事同样传奇。这本科普杂志与中国结缘，是杨振宁先生牵线，并得到了党和国家领导人的热心支持。1972年7月1日，在周恩来总理于人民大会堂新疆厅举行的宴请中，杨先生向周总理提出了建议：中国要加强科普工作，《科学美国人》这样的优秀科普刊物，值得引进和翻译。由于中国当时正处于“文革”时期，杨先生的建议6年后才得到落实。1978年，在“全国科学大会”召开前夕，《科学美国人》杂志中文版开始试刊。1979年，《科学美国人》中文版正式出版。《科学美国人》引入中国，还得到了时任副总理的邓小平以及时任国家科委主任的方毅（后担任副总理）的支持。一本科普刊物在中国受到如此高度的关注，体现了国家对科普工作的重视，同时，也反映出刊物本身的科学魅力。

如今，《科学美国人》在中国的传奇故事仍在续写。作为《科学美国人》在中国的版权合作方，《环球科学》杂志在新时期下，充分利用互联网时代全新的通信、翻译与编辑手段，让《科学美国人》的中文内容更贴近今天读者的需求，更广泛地接触到普通大众，迅速成为了中国影响力最大的科普期刊之一。

《科学美国人》的特色与风格十分鲜明。它刊出的文章，大多由工作在科学最前沿的科学家撰写，他们在写作过程中会与具有科学敏感性和科普传播经验的科学编辑进行反复讨论。科学家与科学编辑之间充分交流，有时还有科学作家与科学记者加入写作团队，这样的科普创作过程，保证了文章能够真实、准确地报道科学前沿，同时也让读者大众阅读时兴趣盎然，激发起他们对科学的关注与热爱。这种追求科学前沿性、严谨性与科学通俗性、普及性相结合的办刊特色，使《科学美国人》在科学家和大众中都赢得了巨大声誉。

《科学美国人》的风格也很引人注目。以英文版语言风格为例，所刊文章语言规范、严谨，但又生动、活泼，甚至不乏幽默，并且反映了当代英语的发展与变化。由于《科学美国人》反映了最新的科学知识，又反映了规范、新鲜的英语，因而它的内容常常被美国针对外国留学生的英语水平考试选作试题，近年有时也出现在中国全国性的英语考试试题中。

《环球科学》创刊后，很注意保持《科学美国人》的特色与风格，并根据中国读者的需求有所创新，同样受到了广泛欢迎，有些内容还被选入国家考试的试题。

为了让更多中国读者了解世界科学的最新进展与成就、开阔科学视野、提升科学素养与创新能力，《环球科学》杂志社和外语教学与研究出版社展开合作，编辑出版能反映科学前沿动态和最新科学思维、科学方法与科学理念的“《科学美国人》精选系列”丛书。

丛书内容精选自近年《环球科学》刊载的文章，按主题划分，结集出版。这些主题汇总起来，构成了今天世界科学的全貌。

丛书的特色与风格也正如《环球科学》和《科学美国人》一样，中国读者不仅能从中了解科学前沿和最新的科学理念，还能受到科学大师的思想启迪与精神感染，并了解世界最顶尖的科学记者与撰稿人如何报道科学进展与事件。

在我们努力建设创新型国家的今天，编辑出版“《科学美国人》精选系列”丛书，无疑具有很重要的意义。展望未来，我们希望，在《环球科学》以及这些丛书的读者中，能出现像爱因斯坦那样的科学家、爱迪生那样的发明家、比尔·盖茨那样的科技企业家。我们相信，我们的读者会创造出无数的科学奇迹。

未来中国，一切皆有可能。

陈宗周

目录 | CONTENTS

话题一

探秘大脑

话题二

大脑怎么用

话题三

拯救大脑

话题四

探秘内心世界

话题五

你的心情健康吗

话题六

对精神疾病说不

话题一
探秘大脑

你是否曾梦想过拥有读心术？无须言语即可知道对方的想法，获知对方的记忆和经验？现在，越来越多的科学家利用脑部扫描技术实时读取大脑的活动模式，探究大脑的秘密。根据大脑的活动，我们可以推断受试者看见了什么，人是如何从熙熙攘攘的人群中一眼认出某个朋友的面孔，为什么我们在气愤的时候能够终止不理智行为，甚至可以以高达97%的准确率测试受试者是否说谎。让我们跟随科学家的脚步，踏上探索大脑的奇妙旅途。

窥探
梦中大脑

撰文 | 坦尼亚 · 路易斯（Tanya Lewis）
翻译 | 马晓彤

研究人员发现大脑有一个梦境“热区”。这一“热区”的发现不仅能协助科学家预测人们是否在做梦，更有让科学家预测梦境内容的潜在可能。

“睡觉，偶尔做做梦。”在这句话里，莎士比亚想说的也许并不是真实意义上的梦境——夜间去往另一个世界的旅程，但这并没有减少梦中景象给我们带来的意义和神秘感。最近的一项研究扩展了我们对梦的理解，并得出了一些关于意识本身的见解。

美国威斯康星大学麦迪逊分校的神经科学家本杰明 · 贝尔德（Benjamin Baird）说，睡眠为科学家提供了一种研究各种形式意识的方法，从生动的梦境到无意识状态等。当受试者打盹时，研究人员可以将有意识的经历与感官的混杂影响隔离开来。

美国威斯康星大学麦迪逊分校的贝尔德和朱利奥 · 托诺尼（Giulio Tononi）及其他同事使用头皮电极，通过高密度脑电图记录睡眠者的脑电波，窥探了梦中的大脑。研究人员每隔一段时间，就会唤醒受试者，询问他们是否在做梦以及梦到了什么。在第一个实验中，研究人员通过询问32位受试者，获取了约200份唤醒记录。在第二个实验中，研究人员先对受试者（人数比第一个实验少）进行了梦境描述培训，然后再开始唤醒询问，这一次研究人员得到了800多份唤醒记录。

研究人员在头后部附近的后脑皮质区发现了一个“热区”，当受试者说自己在做梦时，与无意识相关的低频脑波减弱，高频脑波增强，而这与是否处于快速眼动期无关。并且，与常识相反，人在快速眼动和非快速眼动期都会做梦。相关研究结果已经发表在了《自然·神经科学》上。

在有7名受试者参与的第三个实验中，科学家以87%的准确率预测了他们是否在做梦。此外研究人员还发现，某些大脑区域的脑波活动与特定的梦境内容有关——比如位置、面部和语言。在醒来时，这些相同的区域也处于激活状态。贝尔德说：“在这个实验中，我们原本并没想到要预测梦境内容，”但他表示，这将是一个令人振奋的“潜在方向”。

美国艾伦脑科学研究所的神经科学家克里斯托弗·科赫（Christof Koch，《科学美国人》顾问委员会成员，未参与此项研究）表示，这种方法“非常酷且极具创意”。科赫说，发现与梦境相关的活动集中在后脑十分令人惊讶，因为此前研究人员普遍认为意识是在额顶区产生的。不过，这个实验的不足之处是，受试者醒来和回忆梦境之间有一个延迟。科赫说：“我们希望实验可以更加准确。”

给大脑 植入芯片

撰文 | 安娜·格里菲思（Anna Griffith）
翻译 | 周林文

海马是脑中记忆分类和储存的中心，用硅芯片替换海马中受损的部分就能恢复海马的功能。类似的实验已在大鼠中测试成功，但要应用于人体，还需要解决免疫系统的排斥等问题。

用计算机辅助大脑功能，一直是科幻作品津津乐道的主题。现在，科研人员已经在大脑移植芯片的研究领域取得了一些进展。2007年春天，美国南加利福尼亚大学的一个研究小组也许能够实现这一梦想，用神经假体代替大鼠损坏的脑组织。

过去十几年来，研究人员已经展示了这样的能力：直接读取其他动物的思维，并将它们翻译成相应的动作指令。2000年，美国杜克大学的神经科学家米格尔·尼科莱利斯（Miguel Nicolelis）给猴子插上了电极，让它直接用思维控制一个机器手臂。德国图宾根大学的神经科学家尼尔斯·比尔鲍默（Niels Birbaumer）则开发了一套“脑—机”界面，已经帮助一些瘫痪病人用脑波移动光标，选择合适的字母来表达信息。

美国南加利福尼亚大学的西奥多·伯杰（Theodore W. Berger）及其同事开发出的一套“脑—机”界面，首次实现了机器向大脑的信

神经假体

指植入神经组织或中枢神经系统、用于置换功能受损甚至丧失的神经结构的人造装置，包括运动神经假体、感觉神经假体和大脑皮质神经假体等类别。

神经语言

为了设计大脑芯片，美国南加利福尼亚大学的西奥多·伯杰对神经元的信息交流进行了细致深入的研究。20多年来，他用不同的电刺激模式探查大鼠海马的神经元，并记录它们的反应，从而建立了神经元行为模式的综合数据库。他的同事瓦西利斯·马尔马雷利斯（Vasilis Marmarelis）和约翰·格拉纳奇（John Granacki）则开发出一套数学方程，为神经元的行为模式建立模型，还将数学方程转化为计算机的硬件语言。

如果动物实验取得成功，研究小组将把第一块人体植入芯片植入猴脑。用猴脑代替人脑的原因在于，研究人员无法安全地记录人脑神经元的活动，也就无法建立模型，描述人类特有的神经语言。尽管猴子并不是理想的动物模型，但研究人员推测，植入猴脑的芯片应该会有良好的表现，因为可编程的芯片能够适应大脑的思维，或者大脑能够学会使用芯片，就像大脑能够学会用人工耳蜗接收外部世界的声音信号一样。

息传输。2006年1月，他们用硅芯片模拟了大鼠海马组织切片的生物神经元（海马是脑中记忆分类和储存的中心）。这块芯片可以处理输入的神经信号，与真正的组织切片相比，芯片输出信号的准确率高达90%。用这块芯片替换海马中手术切除的部分，就能恢复海马的功能。

生物医学工程师多年来一直跃跃欲试，打算在海马切片上测试芯片，但研究中遇到的障碍让他们放慢了脚步。已有的电极阵列技术无法在组织切片上充分发挥作用，研究人员不得不自己设计电极。在进行海马切片时，恰到好处地保留完整的神经通路也绝非易事。

制造一块1平方毫米的芯片，需要花费上万美元和好几个月的时间，因此定于2007年春天进行的测试不会使用真正的芯片，而是依赖于这种芯片的一个模型。确切地说，这是一个更大的、能够与电脑相连加以重新编程的设备——现场可编程门阵列（FPGA）。FPGA让研究人员可以方便地测试和改进数学模型，更好地模仿大鼠神经信号的交流，然后再将这一模型嵌入芯片。美国维克森林大学生理及药理学教授萨姆·戴德维勒（Sam Deadwyler）及其同事已经

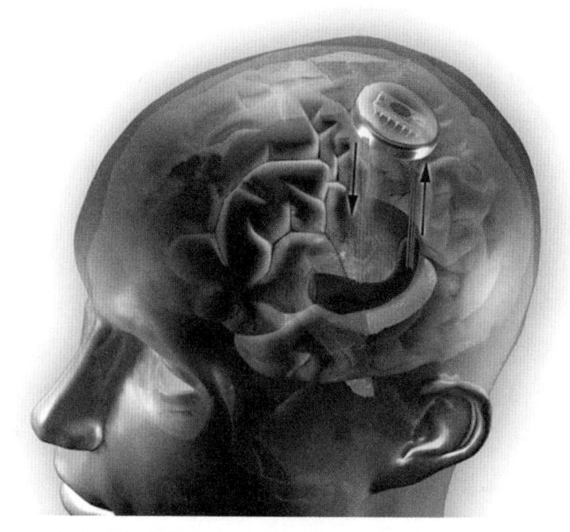

强化大脑：如果在大鼠活体实验中取得成功的话，有朝一日，能够与海马交流信息的植入芯片，也许可以恢复或提高人的记忆力。

证明，用某种特定的活动模式来刺激大鼠的海马，就能提高大鼠在记忆测试中的表现。例如，大鼠能够更好地记住拉哪根操控杆才能喝到水。如果这个模型准确无误，那么植入芯片就能恢复因药物诱导而失忆的大鼠的记忆力。

美国南加利福尼亚大学的物理学家阿曼德·坦圭（Armand Tanguay）提议，对于更复杂的动物模型，可以使用多芯片模块来促进信号的转换。光束可以在多个芯片层的神经元单位间传递信号。与电路不同的是，光束可以直接穿过一个个神经元单位，而不会受到干扰，可以形成更多的相互连接。结果就是，硅芯片之间的光信号网络，可以模拟密集的神经网络。

美国国立卫生研究院科技发明部的项目主管彭志耀（Grace Peng）指出："随着研究从体外环境转入大鼠体内，研究人员将会遇到各种挑战。"事实上，就连这个研究小组也无法确定，他们会在活体实验中遇到什么状况。美国南加利福尼亚大学的化学家马克·汤普森（Mark Thompson）指出，为了防止免疫系统的排斥，也许要把细胞黏附分子固定在芯片上，让植入芯片的外表看起来类似于老鼠自身的组织。而神经可塑性，或者说大脑辨认自身神经连接的

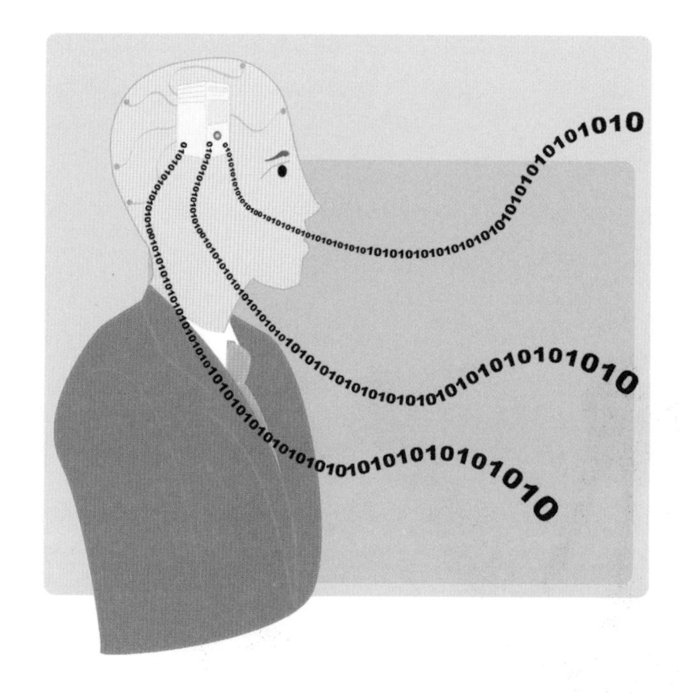

能力，则会阻碍神经元和芯片之间形成稳定的连接，为科研人员设下另一道难题。不过彭志耀乐观地指出：“在其他应用领域，比如运动控制和感知方面，大脑的可塑性和适应性通常有利于人工界面发挥功效。”

如果使用这样的植入芯片展开人体试验，也许还会引起另一种担忧：将芯片植入大脑，在绕开海马中受损神经元的同时，会不会也绕开了大脑中其他区域的神经连接呢？比如，如果那些负责筛选我们记忆的脑区被绕开，会不会让大脑失去删除记忆的能力呢？果真如此的话，移植芯片就真的成了“令人难忘”的设备了。

大脑急刹车

撰文 | 萨尼亚·贝尼奥斯（Thania Benios）
翻译 | 刘旸

大脑中有三个不相邻的区域能停止人类的某一行为，口吃可能就是源自大脑对停止信号的失控。

在你即将发出一封大骂你老板的电子邮件时，是什么阻止你按下“发送”键呢？美国加利福尼亚大学圣迭戈分校的科学家们发现，这一指令是由连接大脑三个不相邻区域的“超级直连信息通道”完成的。

他们让受试者设想采取一项行动，然后留意一个“停止”信号，并决定是遵从信号停止行动，还是按原计划继续行动。大脑扫描结果显示：一个所谓的“神经制动网络”突然介入了几毫秒，这一时间刚好能让人做出取舍。这个网络由三个连通区域构成：下额叶皮层首先将停止信号传到位于中脑的丘脑底核，停止运动神经的活动；接着，前辅助运动区开始执行停止或继续动作的指令。这些区域之间目前未发现任何神经突触，使信息的直接和快速传递成为可能。

对这一网络的理解，有助于解释许多神经系统疾病，比如口吃可能就产生于大脑对“停止”信号的失控反应。这项研究已发表在2007年4月4日的《神经生物学杂志》上。

我知道你看见了什么

撰文 | 尼基尔·斯瓦米纳坦（Nikhil Swaminathan）
翻译 | 刘旸

当受试者观看图片时，利用功能性磁共振成像技术能破译出现在受试者视野里的信息。

美国加利福尼亚大学伯克利分校的科学家发明了一种技术，可以解读大脑视觉区域的活动模式，进而推测出人们究竟看到了什么。当受试者观看一系列图片时，研究人员利用功能性磁共振成像技术，记录大脑视觉皮质的活动。接着，他们监测大脑其他区域的活动，并破译可能出现在受试者视野里的信息，然后推断他看到了什么图像。不过，科学家表示，这种技术只能用于破解可以用数学方法明确描述的信息，比如图片、声音和运动。这项研究的结果发表在2008年3月5日的《自然》杂志上。

功能性磁共振成像

这是一种采用核磁共振仪测量生理活动变化或异常引起的血氧含量变化的技术。通常，血氧含量升高，说明流入某一组织或大脑功能区域的血流增多，该组织或功能区活动正处于激活状态。当人接受外界信息时，大脑皮层特定区域对这些刺激信息会做出相应的反应，并激活该区域的神经元，而这会导致大量的能量消耗，需要额外补充葡萄糖和氧等能量物质，这就会导致大脑局部血管血流增加，而组织中毛细血管内红细胞数量和含氧量的变化，会引起磁场发生变化，形成该脑区磁场的不均匀分布的现象。这种微观磁场梯度的变化会使磁共振信号增强，信号增强程度与血氧浓度、脑血容量等有关。功能性磁共振成像技术大多采用这种依赖血氧水平的方法成像。

解读思想并非易事，但是功能性磁共振成像是一种很好的思想解读工具。

美食诱惑的
根源

撰文 | 蔡宙（Charles Q. Choi）
翻译 | 刘旸

大脑成像研究告诉我们：有一块特殊区域与人对美食的渴望之间存在联系，而另一块区域与人的自我控制相关。

为什么有的减肥者能严格约束自己，而另一些却屈服于诱惑？一项大脑成像实验对这个问题进行了解释。美国加州理工学院的科研人员让正在尝试瘦身的志愿者选择一种他们认为既照顾到健康又不失美味的“中性食品”（多数人选择了酸奶）。接着，研究人员让瘦身者分别选择中性食品、健康零食（如苹果）或垃圾食品（如糖果棒），并在他们做出选择的时候对他们的大脑进行扫描。

研究人员在大脑中定位了一块特殊区域，即大脑正中前额叶皮层，该区域与人对美食的渴望之间存在联系——不管这份美食有多不健康。相反，另一块名为背外侧前额叶皮层的区域则与人

的自我控制相关，在这一区域显示出较强信号的瘦身志愿者，即使不觉得好吃也会选择更加健康的食物。这项发现刊登在2009年5月1日出版的《科学》杂志上，该发现不仅为治疗肥胖提供了靶标，也为药物成瘾、挥霍无度，以及其他跟欲望和约束有关的疾病，提供了可能的治疗方向。

“测谎仪”的尴尬

撰文 | 加里 · 斯蒂克斯（Gary Stix）
翻译 | 褚波

功能性磁共振测谎技术根据血流量监测大脑中的活跃区域。这项技术的测谎原理是：当我们说谎时，大脑的某些区域要执行额外任务，表现必然不同于平时。然而，这项测谎技术真的能让谎言无从遁形吗？

2007年，英国谢菲尔德大学医学院的肖恩 · 斯彭斯（Sean A. Spence）教授为一名女犯人做了一次大脑扫描。这名犯人因为毒杀她照顾的一个小孩而被定罪，但当她矢口否认自己的犯罪行为时，斯彭斯得到的结果显示，她说的似乎是“实话”。

这项研究和谢菲尔德大学研究团队所做的另外两项研究均由英国第四频道合作伙伴Quickfire Media影视制作公司资助。这家公司将研究人员的工作拍摄下来，作为素材编入三集纪录片《谎言实验室》，在英国第四频道播出。不久后，斯彭斯在《欧洲精神病学杂志》上发表了他对这名女犯人的研究结果。

以前，科学家主要利用生理记录仪这类“外围设备”，通过监测被测对象的脉搏跳动速率、血压、呼吸频率等，来确定他的焦急程度，进而推断他是否在撒谎。功能性磁共振成像技术（fMRI）似乎更为可靠，因为凭借这项技术，科学家可以直接观察被测对象大脑活动的变化情况。在《谎言实验室》里，fMRI的先进性让数万电视观众叹为观止，一些商家也开始发掘蕴藏在其中的商机。美国马萨诸塞州佩珀雷尔市的西普霍斯公司和加利福尼亚州塔善那市的“无谎言磁共振成像”公司声称，他们有90%的把握，推测出一个人是否在说

谎。这些公司甚至认为，这项技术还可用于降低“受到感情欺骗的风险”。

对上述两家测谎公司的言论，很多科学家和法律学者提出了质疑。他们认为，基于大脑扫描的测谎技术并不成熟，必须对撒谎及大脑本身进行更多研究，才可能实现准确测谎。

fMRI根据血流量监测大脑中的活跃区域。这项技术的测谎原理是：当我们说谎时，大脑的某些区域要执行额外任务，表现必然不同于平时，而这恰好可以通过fMRI检测出来。在测谎研究中，与大脑扫描图像上高亮部分相对应的大脑区域，一般都与决策有关。

2007年，为了评估fMRI和其他神经科学发现如何影响法律，美国麦克阿瑟基金会出资1,000万美元，启动了“法律与神经科学计划”。这项计划的另一个目的是，为基于fMRI及其他大脑扫描技术的测谎手段建立标准。“法律与神经科学计划”所属的测谎研究组负责人、美国华盛顿大学圣路易斯分校医学院的神经科学家马库斯·赖希勒（Marcus Raichle）说：“在现有技术条件下，测谎结果的可信度并不高，不过这并不妨碍我们设立研究项目，确定测谎技术是否可行。”

同样在2007年，美国斯坦福大学的亨利·格里利（Henry T. Greely）和当时在加拿大不列颠哥伦比亚大学的朱迪·伊莱斯（Judy Illes）合作，在《美国法律与医学杂志》上发表了一篇重要的综述文章，探讨了现有测谎研究的缺陷以及可能推动测谎技术向前发展的一些因素。他们还指出，迄今为止的所有测谎研究（总数不到20项）都没能证明，fMRI“作为一种有效测试仪，在实际应用中能够取得任何（测谎）准确度”。

上述大部分研究的对象都是群体，而不是个人；其他研究的结果则未能得到重复（通过多次重复试验，均能得到相同结果，该试验结果才具有可靠性）。而且，受试者都是身强力壮的小伙子，这使试验结果具有片面性——不适用于服用了影响血压的药物或患有动脉阻塞疾病的患者。格里利和伊莱斯还注意到，在测谎研究中得到的大脑扫描图上，与高亮部分相对应的大脑区域未必与撒谎有关，因为这些区域和很多认知行为相关，比如记忆、自我监控、自我意识等。

目前，测谎研究面临的最大难题是，如何从试验方案中尽可能去除人为因素的干扰（为了解决这个问题，“法律与神经科学计划”也投入了不少经费，甚至专门为此设立了新的研究项目）。比如，受试者在回答一张扑克牌是否为黑桃七，或者是否抢劫了一家街边小店时，被激活的可能就不是同一块大脑区域。迄今为止，最实用的测谎研究也许都来自于《谎言实验室》。

不过，西普霍斯和“无谎言磁共振成像”公司并未等待更多数据的出现，他们已经开始将测谎技术推向市场。为了让法院认可大脑扫描图能够作为一种证据，西普霍斯公司向符合一定条件，并自称被误控的人免费提供大脑扫描服

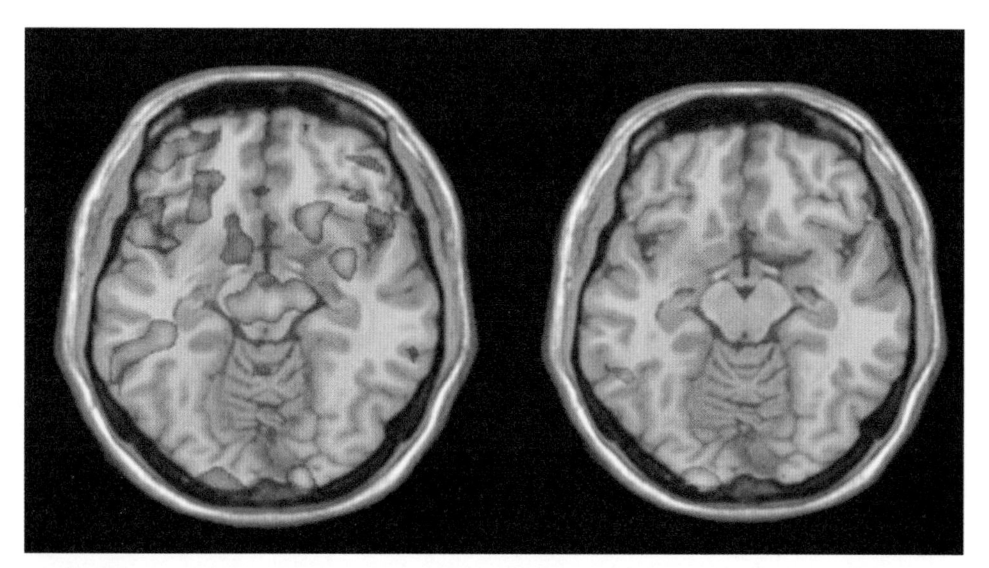

你偷手表了吗？假装在抬座钟的一位妇女回答这个问题时，fMRI结果如左图所示。在回答“有没有偷戒指”这个问题时，fMRI结果如右图所示。

务。一旦大脑扫描图像能成为合法证据，测谎公司将拥有巨大且利润丰厚的市场。西普霍斯公司首席执行官史蒂文·莱肯（Steven Laken）说：“为了开拓这片市场，让大脑扫描图像真正走进法庭，我们需要更多的努力。”他声称，测谎技术已能达到97%的精确度，而且他们公司利用自己设计的试验方案，对100名受试者进行扫描后，得到的试验数据能解决格里利和伊莱斯提到的很多问题。

然而，格里利和伊莱斯已经申请了fMRI 的禁用令——除非能通过正规临床试验证明fMRI 符合有效性和安全性标准，否则这类仪器只能用于科研，不得用作其他用途。为了通过验证，研究人员对试验步骤的设置也暗示了测谎技术所面临的巨大挑战。演员、职业扑克玩家、不爱交际的人必须与普通人进行对比；宗教信仰者必须与非信仰者进行对比；试验过程必须考虑社交因素；撒善意小谎（比如“不，晚宴真的很丰盛”）的人必须与有过性丑闻的人放在一起对比……以确认所有人的大脑反应全都相同。

fMRI被滥用的可能性也引起了重视。格里利说：“危险在于扫描大脑时如果出现技术性失误，这个人的一生都有可能就此改变，朝着不好的方向发展。对于科学研究来说，危险则在于，一旦对神经成像的高调应用陷入误区，科学就会遭遇挫败。”实际上，现在看起来有些过时的生理记录仪，也有过漫长而充满争议的历史。它的经历告诉我们，循序渐进是对待fMRI这门新型测谎技术的最好策略。

嘴巴“听”声音

撰文 | 埃丽卡·维斯特利（Erica Westly）
翻译 | 朱机

触觉和听觉会有相互作用，也就是说，你不但可以用嘴巴来听声音，还可以用耳朵来感受触觉。这说明，与听觉、运动、触觉加工相关的大脑区域，在某种程度上是交叉的。

神经科学教科书上通常把五种感觉分开来讲，但现实生活中不同感觉经常相互影响，鼻塞后难以享受佳肴就是一个例证。听觉与视觉似乎有着类似联系，最著名的例子要数麦格克效应：视觉线索（如动动嘴唇）会影响人们对言语的听觉。现在，又有新研究显示，触觉也能影响语音感知。

戴维·奥斯特里（David Ostry）是加拿大麦吉尔大学的神经科学家，同时任职于美国康涅狄格州纽黑文市语言中心的哈金斯实验室，多年来致力于研究语音系统与躯体感觉系统的关联。躯体感觉系统是皮肤与肌肉中的感受器网络，会向

麦格克效应

也称音位认知，简单地说就是视觉会帮听觉“圆谎”。1976年，哈利·麦格克（Harry McGurk）和约翰·麦克唐纳（John MacDonald）首次报告了这个效应：如果让你看一段录像，录像中的人不出声地重复做出音节“ga”的口型，同时让你听同一人发出的音节“ba”的录音，这时你就会听到“da”的发音。看见“ga”的口型，改变了你对听到的“ba”音节的知觉，是因为大脑将你听到和看到的信息进行了整合。麦格克效应在所有语言中都会出现。

大脑传递触觉信息。2009年，奥斯特里与哈金斯实验室的两位同事在《美国国家科学院院刊》上发表了一篇文章，他们发现受试者的嘴部被牵拉到不同位置时，听到的单词也不同。这一发现能给研究语音和听觉的神经科学家、寻求治疗语言障碍新方法的临床医生提供一些启示。

在这项研究中，科学家设计了一种机械装置，它会轻轻地上下或向后牵拉受试者嘴部。与此同时，受试者还会听到计算机发出的一连串语音词汇，发音听起来就像“head”或“had”或介于两种发音之间。如果机械装置向上牵拉受试者嘴部，形成接近于发出“head”时的嘴形，他们听到“head”的可能性更大，在计算机发音模棱两可时尤其如此。如果机械装置向下牵拉受试者嘴部，与发出“had”的嘴形相近，他们就很可能认为计算机的发音是“had”，哪怕实际发出的声音更接近“head”。机械装置向后牵拉受试者嘴部则不会影响听觉，说明上述反应有位置特异性。此外，牵拉嘴部的时间也有讲究：要与计算机发音同时进行，这意味着只有当嘴部牵拉形成的嘴形与真实发音相近时，才能改变人们的语音感知。

通过操纵嘴形来引发认知反应，这并非科学家在这篇文章中新提出的想法。1988年，一些心理学家发现，如果让受试者咬住一支笔，“强制”他们微笑，就能改善他们的情绪。此后，研究人员又在身体操纵和感知方面做了类似的实验。但这些实验大多关注情绪反应，需要较长时间才能得到结果，而奥斯特里的语音研究几乎瞬间就能完成。美国普林斯顿大学感觉研究专家阿西夫·加赞法（Asif Ghazanfar）说："奥斯特里的研究告诉我们，人们的认知反应非常迅速，仅需几十毫秒。我认为这一点非常重要，因为它强调了大脑并非独立于躯体之外。你不能说哪件事只在大脑（或躯体）中发生，而与躯体（或大脑）无关。"

科学家在20世纪60年代的一个假说——"语言感知运动理论"，也是奥斯特里的研究基础之一。该假说提出，与发音相关的神经网络同样与语音感知有关。美国洛克菲勒大学的神经科学家费尔南多·诺特博姆（Fernando Nottebohm）以小鸟为模型，研究人类语言。他认为，奥斯特里的研究是支持该假说的为数不多的直接证据之一。然而，奥斯特里却谨慎地表示，躯体感觉

字词游戏：当机械装置以不同的方式牵拉嘴部，受试者就会有不同的听觉反应，对同一种发音的理解也不一样。

系统还可能通过与运动系统无关的路径来调控语音感知。

过去，神经成像和磁刺激研究曾表明，与听觉、运动、触觉信息加工相关的大脑区域，在某种程度上是有交叉的，但这些区域协同工作调节语音感知的具体过程却并不为人所知。奥斯特里和同事希望他们的后续工作可以回答这一问题。他们的实验方案将反过来进行：这次不是让受试者分辨模棱两可的声音，而是感受模棱两可的牵引，看声音信号输入会不会影响他们的身体感觉。奥斯特里猜测，触觉和听觉在这项任务中会有相互作用，也就是说，你不但可以用嘴巴来“听”声音，还可以用耳朵来“感受”触觉。

有疗效的触觉

嘴部周围的皮肤影响语音感知，了解这一点能为治疗语音障碍提供新的方法。传统的语音疗法集中于听觉感知，加拿大麦吉尔大学的戴维·奥斯特里认为，触觉也很重要。“体表触觉信号对于引导发音和语音学习都有作用，现在我们又知道它们还在听觉感知中发挥作用。”奥斯特里在谈到他的实验时说，“体表触觉信号确实有应用于医疗干预的潜力。”对于那些因丧失听力或由于各种原因难以察觉自己发音错误的患者而言，结合体表触觉的语音疗法尤其有效。

大脑把记忆存在哪儿

撰文 | 罗尼·雅克布森（Roni Jacobson）
翻译 | 马骁骁

记忆可能比我们原来认为的更难消除。新发现或许将有助于治疗创伤后应激障碍等神经疾病。

记忆虽然看起来神秘莫测、难以触及，但它其实也有着坚实的生理基础。神经科学的教科书是这样说的：两个相邻的脑细胞通过突触连接释放化学物质传递信息时，记忆就形成了。当大脑再次回忆时，这些连接就会被重新激活，并得到加强。一个多世纪以来，认为记忆存储于突触，一直是神经科学界的主流观点，不过，美国加利福尼亚大学洛杉矶分校的一项新研究很可能会颠覆这一看法。

新的研究认为，记忆很可能被存储在了脑细胞内。

如果这个结论正确，将会给创伤后应激障碍（PTSD）的治疗带来重大突破。PTSD的主要表现就是患者会不断遭受痛苦回忆带来的侵扰。

十多年前，科学家开始研究用一种叫作普萘洛尔的药治疗PTSD。普萘洛尔可以阻碍一些蛋白的合成，而这些蛋白对于形成长期记忆必不可少，因此这种药被认为可以阻止新记忆形成。可惜，人们很快就发现这不能解决问题——除非痛苦的事件发生后立即服用该药物，否则人依然会有不愉快的回忆。近来，一种新的研究思路进入了科学家的视野：有研究表明，当人回想一段回忆时，被重新激活的连接不仅增强了，而且会暂时变得更容易改变。在此时使用普萘洛尔（或其他治疗手段，如电刺激或使用其他药物）可以阻止记忆的重新激活和增强，并清除相关的突触。

这种阻止记忆重新激活增强的机制，吸引了美国加利福尼亚大学洛杉矶分校的神经生物学家戴维·格兰茨曼（David Glanzman）的注意，他开始用海兔（一种像蛞蝓的软体动物，是神经科学研究中常用的动物）来开展研究。他和同事先对海兔施以轻微的电刺激，使海兔形成关于该事件的记忆，并在大脑中形成新的突触。然后，再将海兔的神经元转移到培养皿中，并用化学方法触发这段记忆，紧接着施用普萘洛尔。

和早前的研究一样，普萘洛尔清除了这段记忆相关的突触。但是，当再次触发这些细胞的记忆后，这段记忆在48小时之内完全恢复了。格兰茨曼说："记忆完全恢复了，所以我猜测，记忆并非完全存储于突触中。"该项研究已发表在了在线期刊eLife上。

如果记忆不是存储于突触中，那又被存在哪了呢?

科学家仔细检查神经元后发现，虽然突触已被清除，但细胞内部的分子和化学变化却保留了下来。可能是这些永久变化留下了记忆的痕迹。另一种可能是，记忆通过表观遗传修饰编码在细胞的DNA中，这些修饰会影响基因的表达方式。格兰茨曼和其他一些研究人员都倾向于后一种解释。

美国哥伦比亚大学的神经科学家埃里克·坎德尔（Eric R. Kandel）因对记忆的研究，获得了2000年诺贝尔生理学或医学奖。对于新的研究，他谨慎地注意到，实验结果是在施加药物后48小时之内获得的，而在这段时间内，记忆的固化过程并不稳定。

尽管才刚刚起步，但新研究确实表明，药物治疗很可能无法驱除PTSD患者的痛苦记忆。格兰茨曼说："如果你两年前问我，用药物能否治疗PTSD，我很可能会回答可以，但现在我不这么认为了。"不过，他补充道，记忆存储于细胞内部这一新发现，可能有助于治疗另一种与记忆有关的疾病——阿尔茨海默病。

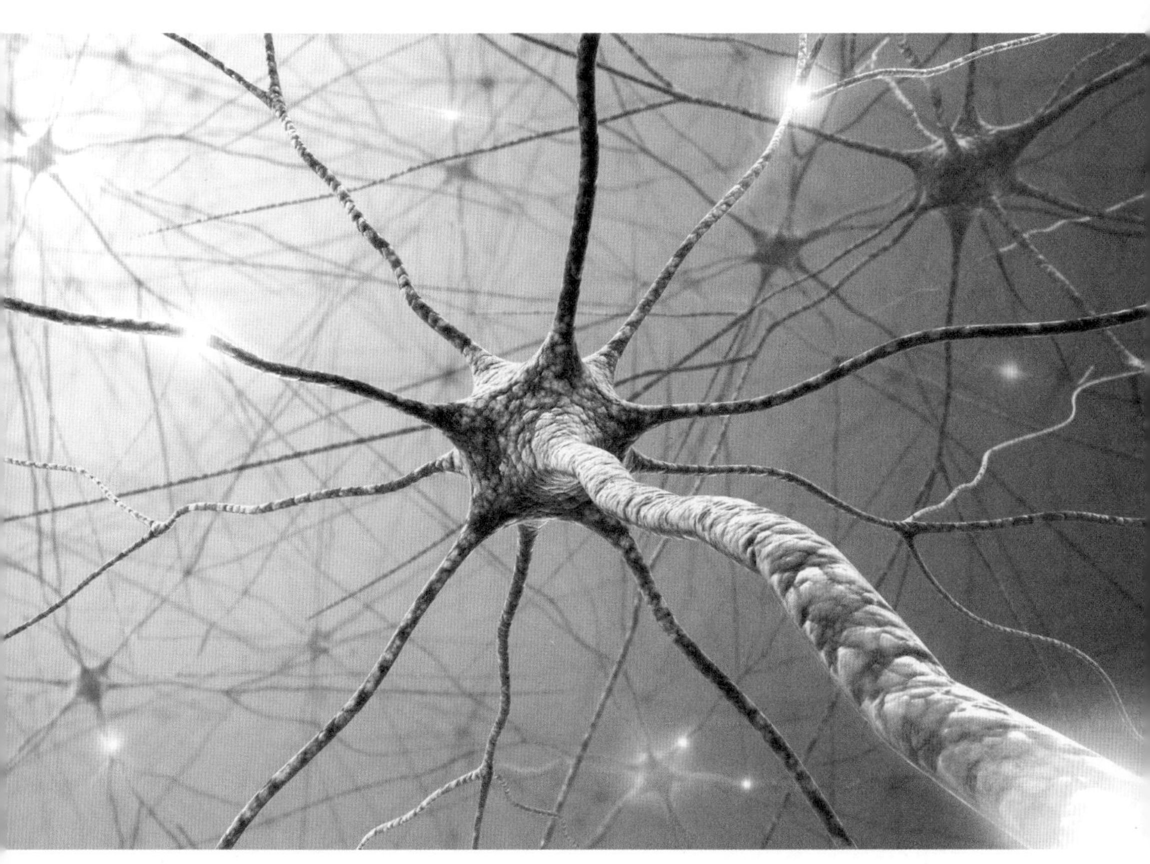

记忆是被存储在突触之内还是之外？

扁形虫：
记忆储存在大脑之外

撰文 | 阿丽尔·杜汉姆-罗斯（Arielle Duhaime-Ross）
翻译 | 冯泽君

扁形虫在被斩首，甚至已经长出一个新头以后，还能记得“前尘往事”。

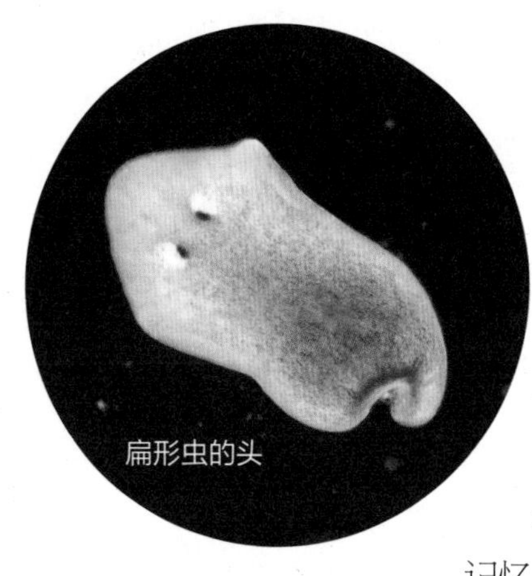
扁形虫的头

扁形虫是神经科学的“宠儿”。扁形虫属于非寄生性蠕虫，它拥有集中型大脑，感知能力和再生能力非常强，是研究干细胞功能调控、神经发育过程以及肢体再生机制的理想模型。如今，科学家发现它还有一个新本领：这些无脊椎小虫竟然能把记忆存放在大脑之外，即使头断掉后再生，新脑袋也可以把存在脑外的记忆“读取”回来。

美国塔夫斯大学研究人员的上述新发现，是基于扁形虫的一个生活习性：扁形虫每到一个新环境，都会先花一点时间四下打探一番，确定安全后才会开始进食。这也意味着，熟悉环境的扁形虫，会比刚到这一环境的扁形虫更早开始进食。

所以，研究人员先把扁形虫放入特定培养皿中，让它们适应一段时间，然后取出来，切断其头部，等两个星期，它们长出新头后，再把这些扁形虫放回同一个培养皿，希望通过熟悉的环境，激发它们身体中“尘封”的记忆。塔夫斯大学的发育生物学家迈克尔·莱文（Michael Levin）是这项研究的合作者之一，他说，“如果身体中存放的记忆没什么用，放进新脑袋里也是一种浪费，把扁形虫放回原来环境，是想告诉大脑，这部分记忆还是有用的。”

结果发现，在该培养皿中待过的扁形虫，比那些断头前没在这儿待过的扁形虫，开始进食的时间要早，因为初次来的扁形虫要先花一点时间探索环境，所以开始进食的时间比较晚。

无独有偶，早在几十年前，颇具传奇色彩的神经科学家詹姆斯·麦康奈尔（James V. McConnell）曾发表过一项很有争议的研究，其结论与上述实验十分类似。那个实验是在20世纪五六十年代进行的，过程基本类似，只是麦康奈尔的实验手段比较极端，他把有特定记忆的扁形虫切碎，然后喂给没有相关记忆的扁形虫，希望借此传递“记忆分子”。不过很多科学家曾质疑这一实验的客观性，而且，很多相关实验并没有发表在主流生物学杂志，而是发在他自己主编的杂志《蠕虫文摘》上。塔夫斯大学的研究小组则通过仪器来检测和分析扁形虫的行为，以期尽量避免主观影响。

研究结果已发表在《实验生物学杂志》上，这些结果对构建人工记忆以及神经退行性疾病的研究，可能会有启示。也许有一天，我们可以给受损的大脑换上已植入记忆的新组织。莱文说，“没人知道记忆植入对患者的个性和已有记忆，会有什么影响，扁形虫也许是我们一窥究竟的开始”。

灰质让孩子更聪明

撰文 | 蔡宙（Charles Q. Choi）
翻译 | 波特

灰质是大脑中负责高级思考的区域。美国科学家利用磁共振成像技术扫描了年龄在5～19岁之间的307人的大脑，发现聪明的孩子在灰质变薄和变厚的速度上有与众不同的表现。

在孩子成长的过程中，大脑灰质的数量可能对灰质变厚和变薄的速度并没有起到太大的决定性作用。美国国家心理健康研究所和加拿大麦吉尔大学的研究人员利用磁共振成像技术，扫描了年龄在5～19岁之间的307人的大脑。他们对大脑皮层，或者说灰质，进行了集中研究，那是大脑中负责高级思考的区域。实际上，对于那些在大多数常规智力测试中得分较高的孩子来说，他们的大脑皮层在儿童时代初期相对较薄。聪明的孩子在7～11岁时，大脑皮层迅速变厚，达到最高值的时间则迟于那些智力平庸的同伴。大脑皮层延迟生长也许

大脑灰质

大脑灰质覆盖在左右大脑半球表层，又称为大脑皮质（或大脑皮层），是大脑中神经元细胞集中的部位，富含血管，新鲜标本上呈暗灰色。人类大脑灰质中的神经元有上千亿个，神经元之间存在大量的突触连接，形成极其复杂的神经回路，可以实现多种感觉、运动或中间信息的处理。

反映了高水平思维回路的一段更长久的窗口期。在15～20岁期间，聪明的孩子大脑皮层变薄的速度也更快，这可能说明当大脑进行流水线工作时，摧毁了一些无用的神经系统连接。详情请参见2006年3月30日的《自然》杂志。

用“脑纹”鉴别身份

撰文 | 西蒙·梅金（Simon Makin）
翻译 | 李晓健

除了指纹和DNA鉴定，脑扫描也可以用来鉴别身份。

我们都觉得自己是这个世界上独一无二的，这种想法也得到了指纹和DNA鉴定技术的支持。而2015年的一项研究表明，人的思想意识差异也可以成为鉴别身份的精确指标。

美国耶鲁大学埃米莉·芬恩（Emily Finn）领导的研究团队使用功能性磁共振成像技术（fMRI），检测了126名健康青年的脑活动。研究人员用268个节点来代表各个脑区，通过评估每两个节点间的连接强度，为每个志愿者建立了一份脑连接特征图谱。研究表明，使用这些特征图谱来识别不同志愿者的成功率达到了94%。

随后，研究人员想看看，对应于负责视觉、运动等生理功能的神经网络的一些节点，是否更能代表某个个体的特性。结果他们发现，与集中注意力相关的额顶叶网络就有这个特点，用它来鉴别个体的成功率可以达到99%。这可能是因为，相对于在结构上更成熟的感觉、运动网络，额顶叶进化出现的时间较晚，对个体的个人经历更敏感。美国加利福尼亚大学圣巴巴拉分校的认知神经科学家迈克尔·加扎尼加（Michael S. Gazzaniga）举例说：“我们都能看到滚落的岩石并躲开它，但有些人却能更好地分析出岩石下落的原因。”

当然，研究人员并不是支持将这项技术用于身份鉴定。芬恩说：“何必要把人塞进扫描仪，明明用眼睛就能认出来。”不过，这项2015年秋季发表在《自然·神经科学》杂志上的研究，确实为fMRI的临床应用指出了一条新路。“此项技术可以用来量化评价精神健康的程度，”内森·克莱恩精神病研究所的神经成像专家卡梅伦·克拉多克（Cameron Craddock）说。芬恩的研究团队已经开始分析精神分裂症高危青少年的相关数据，看是否能预测出，哪些青少年最终会患上这种疾病。

面孔识别网络

撰文 | 莉齐 · 布肯（Lizzie Buchen）
翻译 | 朱机

研究人员在猴脑上找到了专门识别面孔的三个小区，但各小区之间是独立运作，还是连成一个环路协同工作的呢？

我们走在大街上，能从熙熙攘攘的人群中一眼认出某个朋友的面孔。但是这个理所当然的举动却掩盖了其背后认知过程的复杂、艰巨：每张面孔都有两只眼睛、一个鼻子和一张嘴，它们的相对位置差不多，而且还要配上一系列表达情绪的表情。人为什么能够轻松辨认面孔，这个问题科学家已经争论了几十年。一种观点认为，人类大脑进化出专门处理脸部的特殊区域，与处理其他物体的脑区相互隔离；另一种观点认为，大脑使用同一个泛化的多功能网络识别所有物体，只是在人脸识别方面有所擅长。如今，多年的争论已有了答案，两项实验发现人脑中确实有一个独立的网络专门用于识别人脸。

人脸百态：人类的大脑可以轻而易举地从一大堆陌生的面孔中，识别出朋友那熟悉的面容。

20世纪90年代末，脑成像研究发现，若干分散于颞叶（位于太阳

穴下方）的脑区在人们看到面孔时反应格外强烈，而颞叶正是人脑识别物体的一个重要部分。然而其中一些细节问题仍不清楚：这些脑区中是否确实存在某些只认面孔的细胞？还是说这些脑细胞的响应对象并不单一，比如说会被与人相关的所有事物激活，或者在需要关注细节时就被激活？

几年前，就读于哈佛大学医学院的曹颖（Doris Tsao）及其同事迷上了这个问题。她在猴脑上找到了专门的“面孔小区”，发现这些小区内的神经元只对面孔有反应。如今已经在德国不来梅大学工作的曹颖说：“我们证明了这些区域高度特化，但并不清楚它们如何工作，不知道各小区之间究竟是独立运作，还是连成一个环路协同工作。”

因此，曹颖采用了一种将脑成像和单细胞刺激相结合的新颖技术，进行了更加深入的研究。她和她的研究生塞巴斯蒂安·莫勒（Sebastian Moeller）将电极扎入特定面孔识别小区的神经元，同时采用功能性磁共振成像技术（fMRI）观察脑部其他部分的活动。2008年，他们公布了自己的发现——面孔小区间联络紧密并且高度特异：刺激某处面孔小区，被激活的其他区域也全都是面孔小区；刺激面孔小区以外的脑区，被激活的其他区域也全都不是面孔小区。

哈佛大学医学院的神经生物学家玛格丽特·利文斯通（Margaret Livingstone）是曹颖早期研究工作的导师。他评论说："这个结果太棒了！不同面孔小区间的内部联系精确得令人不可思议。这意味着这个专门的系统具备自身特殊的解剖结构，是一个完全独立的系统。"

曹颖接下来的研究重点是额叶，这个脑区负责将感官信息转换为由目标导向的行为。"我们不光感知到面孔，还对面孔有所反应，"她解释说，"我们会判断脸上的表情，会记住那些面孔，将他们归类为朋友或者敌人。"因此她认为，额叶也应该有面部小区。

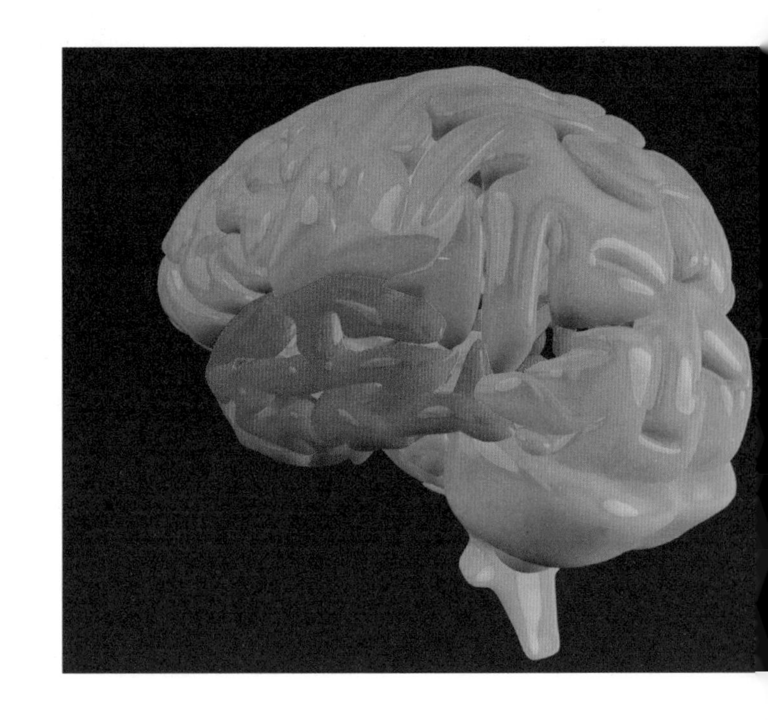

利用fMRI，曹颖发现了三处分散的面部小区。其中一处位于评估情感与社会行为的眼眶前额叶皮层。进一步测试发现，表情丰富的面孔更能使这个小区兴奋，表明它可能在诠释表情方面起着特殊作用（相反，位于颞叶的面孔小区并不能分辨面孔是否带有表情）。确实，额叶受损的伤者仍能辨别人脸，却无法读懂脸上表现出来的情绪。

现在，曹颖希望确定每个面孔小区在认脸过程中所起的作用。她猜测不同的小区可能存在功能性的等级分层——比如某个小区负责探测是否有面孔出现，然后其他小区陆续跟进，探测这是否是一张男人的面孔，或者是否是一张惊诧的面孔。她怀疑，后面这些小区极有可能与内侧颞叶有联络。2005年，美国加州理工学院的克里斯托弗·科赫发现，内侧颞叶的某些神经元只对特定个体，比如演员哈莉·贝瑞（Halle Berry）有反应。曹颖的研究暗示，神经元可以采用逐级处理的方式，编码诸如特定人物之类的复杂整体信息。

“这些区域都是相连的，”科赫说，“你看到的不光是哈莉·贝瑞，还能看出她是不是在生气，有没有在看你。这是一个专门用来识别面孔的环路，从后脑勺的视皮层一直连通到最前面的额叶。”如此特化的面孔处理系统对于我们的生存至关重要。科赫解释说：“无论男女老少，哪怕是埋首故纸堆的书呆子，只要还在社会中生活，就必须认得清人脸。”

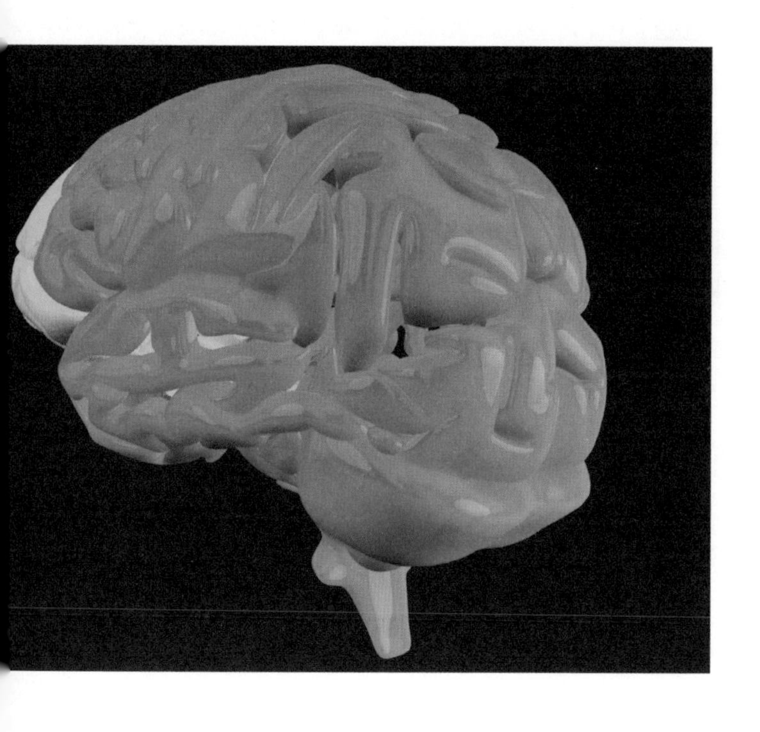

面部识别的
神经机制

撰文 | 克努尔 · 谢赫（Knvul Sheikh）
翻译 | 颜磊

为什么我们可以记住并识别不同的面孔？科学家正在破译其中的神经机制。

人类早就演化出了识别并记忆不同面孔的能力。我们能在拥挤的餐厅或热闹的大街上一眼认出朋友的面孔。只需一瞥就知道一个人兴奋还是愤怒，高兴还是难过。

脑成像研究发现，大脑颞叶有一些蓝莓大小的区域专门负责面部识别。神经科学家称这些区域为"面部识别块"。然而，不管是对病人进行大脑扫描，还是植入电极进行临床研究，都无法准确解释这些区域的细胞是如何工作的。

通过运用大脑成像和单神经元记录技术对恒河猴进行研究，美国加州理工学院的生物学家曹颖和同事终于破解了灵长类动物面部识别的神经机制。研究人员搞清楚了"面部识别块"中每个神经元对某一特定面部特征进行编码时产生的电信号的特征。就像电话的拨号盘一样，这些细胞会对外界信息做出响应，以不同的方式组合，在大脑中产生灵长类动物看到的每张面孔的图像。曹颖说："这太令人兴奋了。拨号盘上每个'按键'的值都是可以预测的，因此直接追踪面部识别细胞的电活性，我们就能重建出恒河猴看到的面孔。"

其实，在早前的研究中，科学家已经初步发现大脑中"面部识别块"的特殊功能。21世纪初，曹颖还是哈佛大学医学院的博士后研究人员时，她和电生理学家温里奇 · 弗赖瓦尔德（Winrich Freiwald）就发现，每当猴子看到一张脸部照片，“面部识别块”中的神经元就会产生电信号。不过，这些细胞对其他事物（如蔬菜、收音机或身体非面部部位）的照片却几乎没有反应。另一些实验则表明，这些区域的神经元能够识别不同的脸孔，即便是卡通人物。

在2005年一个著名的以人为研究对象的实验中，神经科学家罗德里戈·基安·基罗加（Rodrigo Quian Quiroga，就职于英国莱斯特大学，未参与此项研究）发现，演员詹妮弗·安妮斯顿（Jennifer Aniston）的照片可以激发海马区的一个独立的神经元，也就是所谓的“詹妮弗·安妮斯顿神经元”。基罗加说，颞叶其他地方的神经元也可能出现相似的现象。学界的主流观点认为，“面部识别块”中的某一神经元只对某几个特定的人敏感。但曹颖的研究表明，这个观点可能是错误的。基罗加说：“曹颖已经证明，‘面部识别块’的神经元对应的并不是特定的人，它们编码的只是某些面部特征。这完全颠覆了我们对面部识别的理解。”

为了搞清楚神经元是如何完成识别工作的，曹颖和博士后研究人员常乐（Steven Le Chang）准备了2,000张带有50种不同特征的人类面部照片，在脸型、目距、肤色、肤质等方面各不相同。他们把照片给两只猴子看，同时记录每只猴子的3个“面部识别块”神经元的电活性。

研究人员发现，每个神经元都只对一个面部特征做出响应。常乐表示，与海马区里的能够编码整张面孔的“詹妮弗·安妮斯顿神经元”不同，“面部识别块”神经元将图像分解成更小的区域，并对发际线宽度等具体特征进行编码。并且，不同“面部识别块”的神经元会编码“互补”的信息。就像工厂里的工人，各个“面部识别块”负责不同的工作，它们互相合作、交流信息，共同拼凑出完整的图像。

曹颖和常乐搞清楚这些神经元是如何分工、“工厂”是如何运转的之后，就能够通过神经元的活动情况，还原出面孔的模样了。他们先是构建了一个不同神经元编码面部特征的数学模型，然后向猴子展示一张它从未见过的人脸照片。结果发现，运用他们发现的神经元编码规律，研究人员能够在电脑中重建猴子看过的图像。曹颖说：“重建结果非常准确。”实际上，他们甚至很难将

灵长类动物拥有超强的面部识别能力，研究人员正在解开其中的奥秘。

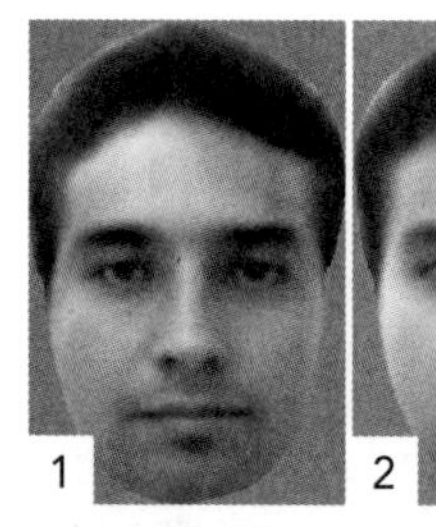

展示在猴子面前的照片中的脸（1）和通过大脑活动重建的脸（2）。

猴子看过的照片和重建的照片区分开。

曹颖说，更令人惊叹的是，研究人员只需要读取相对较少的神经元便可准确地重建猴子看到的面孔。记录205个细胞——一个识别块中的106个细胞和另一个识别块中的99个细胞——就足够了。曹颖说："这表明基于面部特征的神经编码方式非常紧凑、高效。"这或许解释了，为什么灵长类动物如此善于脸部识别，以及为何我们没有同等数量的面部识别细胞，却拥有区分数十亿人面孔的潜能。

这项发表在《细胞》杂志上的研究，为科学家理解大脑如何识别面孔这个问题，提供了一套普适、系统的模型。功能性磁共振成像实验表明，人类的大脑结构和猴子非常相似，人类的"面部识别块"对图像的编码方式也与猴子非常相似。不过，人类"面部识别块"的数量可能跟猴子的不同。

加拿大多伦多大学研究人类"面部识别块"的神经科学家阿德里安·内斯特（Adrian Nestor，未参与此项研究）表示，理解大脑如何进行面部识别，有助于帮助科学家研究面部识别神经元是如何识别其他信息的，比如性别、年龄、种族、情绪和姓名。新研究甚至能提供一种研究范式，帮助我们弄清楚大脑如何识别身体其他部位。内斯特解释道："说到底，我们需要了解的不仅仅是面部识别机制。如果这种神经元编码方式能够扩展到全身的识别，那就太好了。"

小脑的秘密

撰文 | 蒂姆·雷夸斯（Tim Requarth）
翻译 | 红猪

人脑中有数量众多的小脑颗粒细胞，这些细胞的功能一直是一个谜。研究人员对一种来自刚果的电鱼的研究或许能揭开其中的秘密。

过去几十年，尽管神经科学家一直在构建脑功能理论，但对人脑中数量最多的神经细胞——小脑颗粒细胞几乎一无所知。人脑中，神经细胞大概有860亿左右，而其中有700亿个都是小脑颗粒细胞。这些细胞的结构相对简单，紧密地包裹在位于人脑后部、形如西兰花的小脑之中。小脑颗粒细胞是脑回路的组成单元，这个回路有着异常规则的结构，几乎像晶体一般。

然而，这样简单明了的解剖结构却让科学家困惑不已。20世纪60年代，一支由神经科学家、计算机科学家和数学家组成的研究团队提出了一个理论，认为这些细胞对于小脑学习运动技能的能力尤

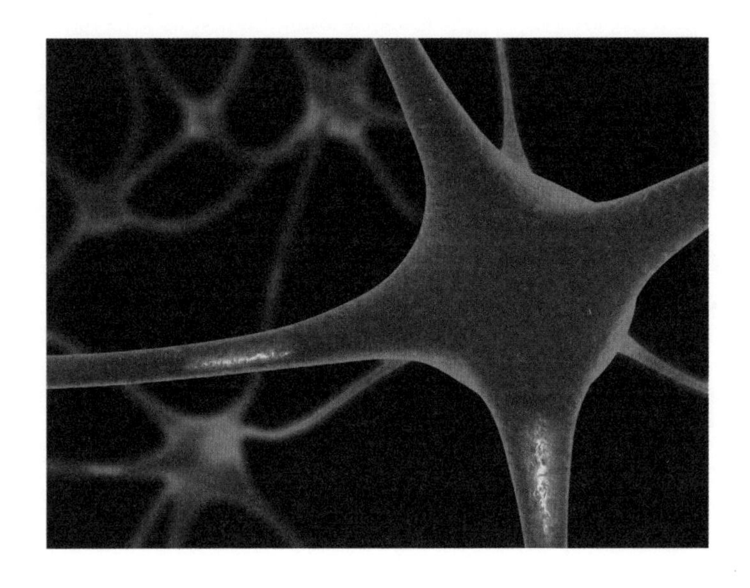

为重要。此后，几个研究小组相继展开研究，准备检验这个理论。他们满以为，人类对于脑区的理解即将迈进一大步，但随着研究的深入，他们却发现，采集颗粒细胞的相关数据并不简单：这些细胞排列紧密、体积微小，位于脑区深处，传统的实验技术很难触及。一晃40年过去，当年那个理论是否正确仍然未知，小脑研究始终处于阴影之下。

但在2011年，一种名叫彼氏锥颌象鼻鱼的电鱼给研究人员提供了一条非比寻常的线索。这种鱼类由于小脑大得出奇，神经科学家一直很感兴趣。这次取得突破性进展的是美国哥伦比亚大学卡维里脑科学研究所的神经科学家纳特·索特尔（Nate Sawtell），本文作者就是他的博士研究生。通过在活体彼氏锥颌象鼻鱼脑内埋设微电极，索特尔对单个小脑颗粒细胞的活动进行了详尽记录，首次获得了可支持20世纪60年代那个理论的证据，证明颗粒细胞的确有可能对小脑的技能学习（如精细动作）具有强化作用。索特尔的研究表明，小脑的其他神经元一旦收到这些颗粒细胞发出的信号，就能依据运动和感觉信号，预测出鱼尾的位置，而这一步骤对运动技能的学习是至关重要的。目前，索特尔是少数几个研究彼氏锥颌象鼻鱼的神经科学家之一，从他的研究中可以看出，这种电鱼或许是解开那道神经科学谜题的一把钥匙。

小脑颗粒细胞的功能就像一个突破口，研究人员可能会获得一些更重要的发现。就人类而言，小脑和其他脑区有着广泛的联系，说明它的功能远不只是学习运动技能：现已证实，小脑在知觉和认知中都发挥着作用，一些研究更是将小脑功能缺陷和精神分裂症、自闭症等复杂疾病联系了起来。现在，我们是时候听听那700亿颗粒细胞的“意见”了，而因为那条长着硕大小脑的电鱼，聆听已经开始。

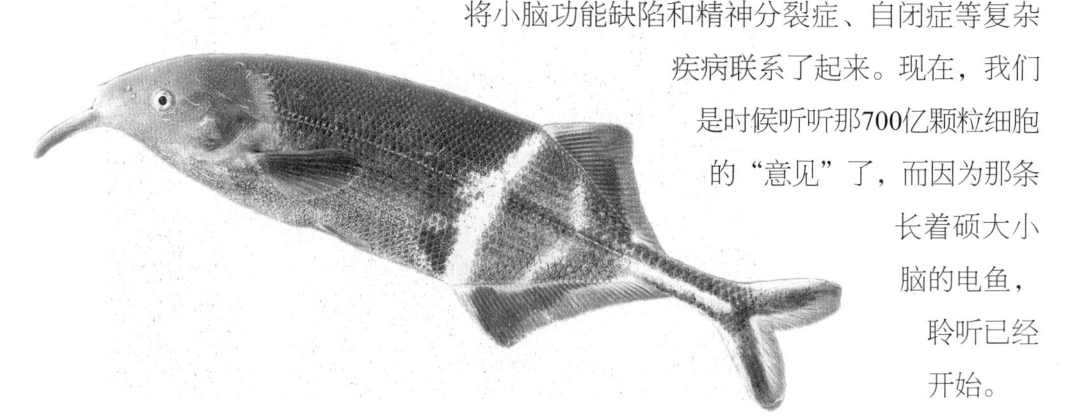

话题二
大脑怎么用

大脑——神经系统的最高级指挥官。这个神奇的器官是如何运作的？为何一个小小的器官能够创造出如此绚烂的世界？学习用“心”，实则用脑。关于大脑的学习记忆功能，你了解多少？大脑是否越大越好？大脑中所有神经元都参与记忆吗？哪部分脑区负责回忆和畅想呢？我们又如何通过大脑的状态来分辨是否将要分心？如何预防分心？更有趣的是，除了各种记忆技巧，还有别的途径能帮助你轻松改善记忆、提高学习效率：电击、睡眠、气味刺激、改变刺激的间隔等。

爱因斯坦的大脑有何不同

撰文 | 格雷·斯蒂克斯（Gray Stix）
翻译 | 冯泽君

物理学家阿尔伯特·爱因斯坦（Albert Einstein）具有洞悉时空的非凡能力，对其大脑进行的成像研究可帮助我们一窥其中奥秘。

自1955年爱因斯坦去世起，科学家一直想弄清究竟他的大脑有什么特别之处，能让他对物理学定律有超凡的洞见。这种基于解剖学的研究几十年前就开始了，进展却十分缓慢，这是因为很多脑组织的尸检图像和组织切片分散于各处，研究人员很难加以分析。

2012年11月《大脑》杂志在线发表文章称，研究人员综合迄今为止所有能收集到的尸检图像，详尽分析后发现，爱因斯坦的大脑皮层（负责脑高级意识过程的脑区）与普通人之间的区别之大，超乎想象。美国佛罗里达州立大学人类学家迪安·福尔克（Dean Falk）是这个项目的首席研究人员，以下是整理后的采访报道：

你们在研究中有什么发现？

爱因斯坦的前额叶皮层非常特别，前额叶皮层属于大脑表层脑区，位于前额正后方，结构异常复杂。通过与灵长类动物比较，我们发现这一结构在早期人类进化过程中变得高度特化。特别是对人类来说，前额叶皮层负责脑高级认知功能，其中包括工作记忆、计划制订、计划实施、忧虑、展望未来以及想象力等。这一脑区高度进化的原因，就在于其中神经元之间错综复杂的联系。我们推测爱因斯坦的大脑之所以看上去与众不同，正是由于其中神经元的联系更为复杂。

还有什么不寻常的地方吗？

爱因斯坦大脑最有趣的地方之一，是他的感觉和运动皮层。我们在他运动皮层内的下部发现一个异常区域，这个区域通常负责处理从面部和喉舌传来的信息。爱因斯坦大脑左半球运动皮层面部区扩成了一个大矩形，我从来都没遇过这种情况，也不太确定该怎么解释。爱因斯坦有句名言："My primary process of perceiving is muscular and visual"，说他的见解是感觉和图像的结合，对他而言，思想的基础不仅要看，也要"摸"。这究竟是什么意思？我不知道，但对照我们在他运动皮层的发现，两者倒是相映成趣。

你认为这和爱因斯坦吐舌头那张著名的照片有没有关系？

这是三天来我第4次被这么问了。第一次被问的时候，我很意外，我说我觉得这只是一个巧合。然后我开始认真琢磨这个问题，后来干脆到镜子前面亲自试试能不能把舌头伸到他那么长，结果就差那么一点点。所以我想，可能照这张照片，只是爱因斯坦一时兴起。

大脑是否越大越好

撰文 | 菲利普·罗斯（Philip E. Rose）
翻译 | 周俊

为治癫痫接受大脑半球切除术的儿童日后并未出现智力障碍，看来脑的大小不是影响智力的关键因素。

神经科学的新发现似乎总在提醒我们，大脑还有许多细微之处有待解释。这让我们想起了一个令人迷惑的问题，即大脑是否越大越好。乍一看，大脑的功能似乎很简单，就是思考问题。实际上，核磁共振成像研究已经证实，脑的大小跟智力没有紧密的联系（无论是各种群之间，还是人类之间）。一些丧失部分大脑的人，用他们仅有的那部分大脑，仍然生活得很好。自从大脑扫描成了例行检查以来，这类例子的数量成倍地增长。

一位50多岁的律师怀疑自己得了老年痴呆症，便做了一次核磁共振成像检查，得到一个好消息和一个坏消息：坏消息是，虽然身体没问题，但是他的大脑里缺少了连接两个大脑半球的胼胝体（这个茎状物有手腕般粗细）；好消息则是，他在测试中表现出色，语言能力智商约为130分，非语言能力智商也在90分以上。

美国加利福尼亚州帕萨迪纳市福勒神学院的神经心理学家沃伦·布朗（Warren

S. Brown）致力于研究意识与人体，他表示，这位律师的行为表现出轻微的异常，“他看上去有些怪，但不明显，实际上，他失去了进行社会交往的大脑设计”。布朗还说，失去胼胝体的患者，通常没有理解玩笑和看懂图片的能力。

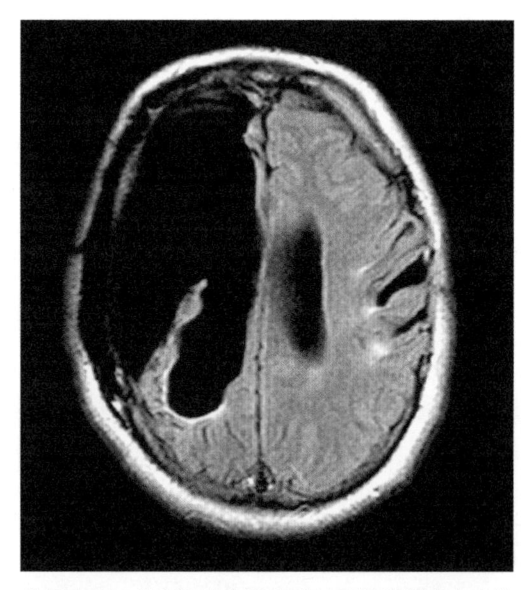

分开癫痫病儿童的左右脑半球，可以抑制癫痫病的发作，同时不干扰智力的正常发展。

当然，多数大脑异常是在患者知情的情况下，神经科学家有目的地去寻找才找到的。为了规避患者在测试前受到影响的偏见，美国旧金山大学的神经科学家埃利奥特·谢尔（Elliott Sherr）决定研究大学医院所有病人的核磁共振成像，并且在数千人中找到了一个缺乏胼胝体的病例。谢尔说：“很多时候你会欢呼，某某行为有困难，并且在那之前没有人告诉他为什么和怎么办。”能发现一个事先不知情的患者，这真是个惊喜。

同样引人关注的是，为了控制癫痫病的发作，有些患者通过外科手术切断了胼胝体，但这些患者的智力并未减弱，这似乎令人难以置信。美国达特茅斯学院认知神经科学中心的主任迈克尔·加扎尼加注意到了这个问题：“怎么可能分开大脑两半球，整体的认知能力却不受到影响呢？毕竟一半的皮层再也没有了。”

一些证据表明，人脑两半球之间辅助“桥梁”的不断发展，让天生没有胼胝体的人获益。不过，这还是很难解释癫痫病小孩的能力——为了控制发病，他们的整个大脑半球都被摘除了。已故神经心理学家亚伦·史密斯（Aaron Smith）在1975年记录了这样一个病例：一个做了大脑半球摘除手术的小孩，长大后上了大学，事业有成，在智力测试中得分也超出平均水平。在美国约翰·霍普金斯儿童中心，学者们对许多此类儿童进行研究，也没有找到有智力缺陷的儿童。

一些人碰巧大脑非常小，但只有很小部分人有智力缺陷，许多人长大后上了普通学校，智商测试分数也不比其他人差。在这方面，我们至少能举出一个例子：著名学者、法国作家阿纳托尔·法朗士（Anatole France），他的大脑就只有正常人的三分之二。

不论大脑袋会带来什么影响，它本身必须要大，才能补偿给器官提供能量造成的新陈代谢的巨大消耗（消耗全身卡路里的20%~25%）。美国《科学》杂志的两篇论文表明，影响大脑大小的两种基因，在现代人出现后，随着人口和自然选择的发展而增强了；人在5,000年以前，就在经受着自然的选择。

如此看来，脑的大小不是影响智力的关键，那么大脑袋有什么用呢？也许多余的空间可以作为备用，以预防我们脑部受伤，或者年老之后大量神经细胞受到破坏。也许，大脑袋可以积累几十年的知识，使寻找信息的老细胞比新细胞更有创造性。另一种理论认为，大脑进化的目的是散热，能让人在正午的烈日下捕猎，而那时，狮子却正在睡觉。要找到人类头骨变大的原因，还需要更深入的思考。

霍比特人的大脑

2004年末，直立人中一种假想的矮人形象引起了一场关于大脑智力问题的讨论。发现者把印尼弗洛勒斯岛上发掘出的头骨遗迹称为“弗洛勒斯人”，媒体圈把它称为“霍比特人”（《指环王》中的矮人族），批评家则把它称为一个错误。反对派推断，这种生物的大脑还没有猩猩的大脑大，所以附近发现的极其复杂的工具不可能是它们创造的。然而，这个结论忽视了一些证据，那就是，大脑很小的人，甚至缺乏部分大脑的人，脑功能仍能正常地发挥。

大脑如何
学物理

撰文 | 约尔达娜·切佩拉维克兹（Jordana Cepelewicz）
翻译 | 张文韬

学习科学知识时，大脑用的就是日常处理节奏和句法的脑区。

原始人是不会理解爱因斯坦的广义相对论为何物的，但如今，每个物理专业的学生都要掌握这些基本原理。"'古老'的大脑如何学习新知识并描述抽象概念？"美国卡内基梅隆大学的神经科学家马塞尔·贾斯特（Marcel Just）提出了这个问题。贾斯特与同事罗伯特·梅森（Robert Mason）在2016年6月的《心理科学》杂志上发表了他们的发现：人在思考物理概念时，会触发一些常见的大脑活动模式，这些模式平常会发挥其他神经功能，比如处理节奏和句法等，而现在用于学习抽象的科学概念。

贾斯特和梅森让9位物理与工程专业的高年级学生思考30个物理概念，比如动量、熵和电流等，同时扫描了他们的大脑。然后，研究人员将扫描数据输入电脑，利用机器学习程序，电脑最终可以根据志愿者的大脑活动，确定志愿者思考的是哪个物理概念。为什么电脑能做到这一点？原因是，参与者思考某个特定概念（比如引力）时，大脑的活动模式是一样的。梅森说："每个人的学习环境不同、接触的教师不同、理解能力也不同，但是令人惊讶的是，所有学生在理解同一个概念时，调动的脑区是相同的。"接着，科学家又将上述研究的大脑扫描结果与早前的研究进行比对，看是否有互相匹配的神经活动模式。结果发现，当思考"频率"、"波长"等科学概念时，活跃的大脑区域与观看舞蹈、听音乐或听到有节奏的声响时是一样的，可能是因为上述活动都传递了“周期性”的概念。而学生在解数学方程时，活跃的脑区与处理句子时是一样的。

梅森说，此项研究或许有助于确定，哪些课程一起开设，学习效率会最高。他与贾斯特计划，继续在原始人知之甚少的遗传学和计算机科学上开展此类研究。

大脑如何快速阅读

撰文 | 罗尼 · 雅克布森（Roni Jacobson）
翻译 | 蒋泱帅

大脑快速阅读熟悉的单词时，依照的是字形而不是字音。

儿童在第一次学习阅读时，会费力地念出每一个字母，以猫的英文单词“CAT”为例，他们得念出每一个字母“C-A-T”，然后大脑才会把字母联系起来，拼成一个单词，最后理解单词的意思。不过通过练习，我们渐渐能一见到单词就辨识出意思。事实上，发表在《神经影像》杂志上的一项研究发现，大脑在颞叶后部（紧邻面部识别区）存放了一套“视觉词典”，这部“词典”接替了大脑负责看字读音部分的职能，对阅读能力的提升有重要作用。

美国圣迭戈州立大学的博士后研究人员劳里 · 格列泽（Laurie Glezer）和同事对27位只会单语种（英语）的参与者进行测试，分析他们看同音异义词、近音异义词时的脑部活动。结果研究人员发现，同音异义词会激活颞叶后部的不同神经元簇，即不同的单词有各自独立的视觉“通道”。而读出同音异义词时，激活的是相同一组神经元。

格列泽表示，“实验表明，大脑使用不同的区域，对视觉信息和语音信息进行独立处理，而视觉信息和语音信息对阅读来说都是至关重要的。”

这项研究还为语言教学提供了新思路。马克西米利安·里森胡贝尔（Maximilian Riesenhuber）是美国乔治城大学医学中心认知神经科学计算机实验室的负责人，同时也是这项研究的参与者之一。他说：“学习阅读是从‘听’开始还是从‘看’开始？有一种观点认为，应该从听开始，然而这项研究否定了这一想法，因为研究表明，娴熟的阅读者会在大脑中建立一套视觉词典，看到熟悉的单词时，大脑便会识别单词的意思。”

美国加利福尼亚大学旧金山分校的心理学教授文子·赫夫特（Fumiko Hoeft，未参与此项研究）认为，这项研究能帮助我们更深入地理解阅读障碍。比如，有阅读障碍的人，在建立或读取大脑视觉词典时，也许存在困难。格列泽表示，“现在，研究人员还不知道问题到底出在哪里。”她正计划开展一项类似研究，研究对象是阅读障碍症患者和一些在阅读上存在障碍的失聪患者。

大脑如何
感受幽默

撰文 | 罗尼·雅克布森（Roni Jacobson）
翻译 | 张文韬

处理幽默信息时，行使不同功能的大脑左右半球必须通力合作，才能形成最后的喜剧二重唱。

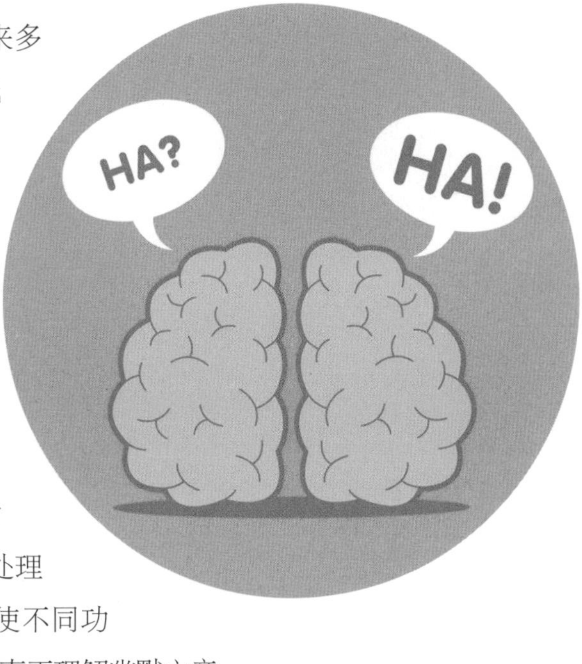

在喜剧中使用双关语，历来多有争议。评论家认为这是“最低等的智力形式”，这个论述被很多作者引用。但是，也有不少人喜欢使用双关语，包括莎士比亚（Shakespeare）。在一项研究中，研究人员发现大脑本身是把双关语分割处理的，相关研究发表在《偏侧化：身体、大脑和认知的不对称性》杂志上。研究表明，在处理双关语时，大脑的左右半球行使不同功能，最终需要互相“交流”才能真正理解幽默之意。

为了搞清楚大脑是如何理解双关语的，加拿大温莎大学的研究人员先在受试者的左侧视野或右侧视野（分别对应着右脑和左脑）展示一个与双关语有关的词。然后，研究人员分析了每种情况下受试者的反应时间，确定哪一侧大脑在其中起主要作用。论文作者之一、心理学教授洛丽·布坎南（Lori Buchanan）解释说，左侧大脑是语言半球，所以它负责处理双关语的本意，稍后右侧半球才领会到这个词的言外之意。

大脑半球之间的互动让我们理解了这些双关语的笑点。作为一种文字游戏，双关语符合幽默的基本公式：预期加不一致等于幽默。双关语有多重含义，人们首先用左半球结合上下文做出特定的解释，右半球随后引导人们发现另一层意想不到的意义，触发布坎南所说的"令人惊讶的重新解释"，幽默就出现了。

这项研究与早前的一些观察结果一致，一些大脑右侧受伤的人会变得很没有幽默感，他们知道笑话的意思，"但是并不觉得滑稽可笑"，布坎南说。她希望这方面的研究能发展出一些康复疗法，帮助这些人找回幽默感。毕竟，幽默的双关语能使人神经放松。

大脑五分之一是记忆

撰文 | 尼基尔·斯瓦米纳坦（Nikhil Swaminathan）
翻译 | 刘旸

研究人员用荧光探针标记了外侧杏仁核区域，结果发现，与记忆功能相关的CREB蛋白只在五分之一的中脑神经元中存在活性。

人类大脑只被利用了十分之一的说法是荒谬的；但存储记忆只利用了五分之一的神经元，却很可能是事实。研究人员用荧光探针标记了外侧杏仁核区域的神经元。杏仁核区域呈杏仁状，位于中脑两侧，与学习和记忆有关。研究人员特别研究了环腺苷酸应答元件结合（CREB）蛋白的活性，这种蛋白不论在

海参还是在人体内，都在记忆的形成中发挥了重要作用。研究人员发现，CREB蛋白只在五分之一的中脑神经元中存在活性。显然，神经元彼此竞争，胜出的一小部分才能获得某一项记忆的所有权。加拿大多伦多儿童医院的希娜·乔斯林（Sheena Josselyn，参与此项研究），她说，只有一部分神经元参与了记忆的形成，“正如一个班的学生中，得A的人通常也只有五分之一一样”。这项发现被公布在2007年4月20日的《科学》杂志上。

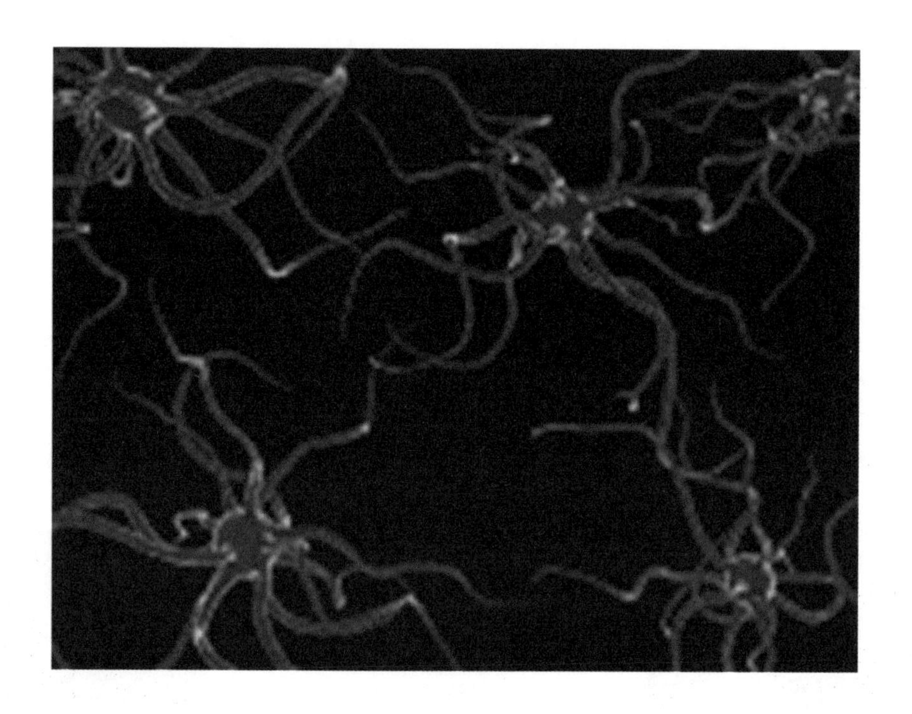

大脑的
选择性遗忘

撰文 | 巴哈尔 · 戈力普尔（Bahar Gholipour）
翻译 | 李春艳

神经科学家正在破解大脑调控记忆的奥秘。

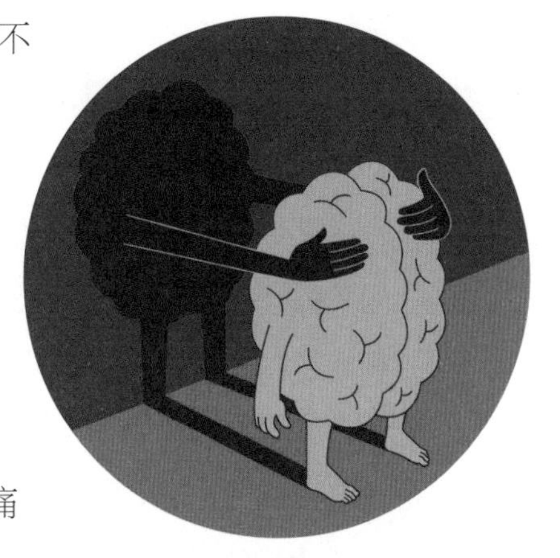

当看到热锅从炉灶上滑落时，我们会不自觉地伸手试图将锅接住，但是在手即将碰到平底锅的刹那，或许又会瞬间把手收回以避免烫伤。因为大脑的执行控制中心会“插手”打断这一系列无意识的指令。一些证据表明，这样的“插手行为”也会在我们不自觉回忆过去时出现——大脑会阻止我们回忆那些可能带来痛苦的记忆。

记忆存储于大脑内一个互联的信息网上。因此，一个记忆可以唤起另一个记忆，并让其不自觉地“涌上心头”。“只需一个暗示，大脑就会自发地向我们传递与之相关的信息，”英国剑桥大学的神经科学家迈克尔 · 安德森（Michael Anderson）指出，“不过有时，这些自发传递而来的会是我们本不愿想起的事”。

不过，面对大脑自发的信息传递，我们也并非无能为力。海马区是与记忆有关的一个重要结构，早前的脑成像研究已经表明，大脑额叶区可以抑制海马区的活动，从而阻碍回忆行为。安德森及同事为了解更多信息，对海马区受抑制之后可能产生的影响进行了研究。实验首先要求381名大学生一对对地学习关联甚微的单词。然后，向学生展示其中一个单词，要求学生回忆与之配对的另一个单词；或者相反，尽力不去想配对的另一个单词。在学习与展示过程的间隙，研究人员会给学生们看一些比较奇怪的图片，比如停车场里有一只孔雀。

结果研究人员发现，告知志愿者尽量回忆配对单词，或告知志愿者尽量不要去想配对单词，在这两种情况下，志愿者对那些奇怪图片的记忆力是不一样的。在展示孔雀等其他奇怪图片前或后，告知志愿者尽量不要形成有关配对的记忆，会使志愿者对奇怪图片的记忆力降低40%。相关研究已发表在了《自然·通讯》杂志上。这一发现进一步证明，记忆调控机制确实存在，并且尝试忘记一段记忆确实会给人们的整体记忆带来负面影响。研究人员将这种现象称为“遗忘阴影”——虽然海马区活动受到抑制时发生的其他事情，与我们想要忘记的事并无关系，但很明显这一过程依旧会抑制我们对这些事情的记忆。有专家（未参与此项研究）指出，这或许能够解释，为什么经历过创伤（并试图忘记这一痛苦经历）的人会不太记得自己的日常经历。

安德森说，如果不考虑暂时性失忆，选择性忘记是一个非常有用的技能。所以，安德森和同事安娜·卡塔林诺（Ana Catarino）正在研究，人是否可以学会忘记。在正进行的一项实验中，他们对参与者的大脑活动进行实时监测，并对其海马区活动的受抑程度进行描述。他们认为，这些线索可以帮助人们学会选择性地忘记过去——对创伤后应激障碍患者来说，这个技能能极大地减轻他们的痛苦。

负责回忆和
畅想的脑区

撰文 | 戴维·别洛（David Biello）
翻译 | 周林文

研究人员利用功能性磁共振成像技术找到了与畅想未来和回忆过去相关的大脑部位，这些部位包括布洛卡区、顶叶中后部和小脑后侧。

在畅想未来和回忆过去时，人们使用的大脑部位是一样的。美国华盛顿大学圣路易斯分校的神经科学家找来21名志愿者，让他们在功能性磁共振成像仪的监测下回忆或想象一些事件，如设想自己和比尔·克林顿一起参加宴会。在想象未来时，大脑的8个不同部位表现得尤为活跃，也就是说血液流量增加了。这些部位包括布洛卡区、顶叶中后部和小脑后侧。还有15个部位在回忆过去或畅想未来中起到了一定的作用，包括先前已经辨认出的、对记住所到之处有着重要作用的脑区。2007年1月1日，《美国国家科学院院刊》在网站上报道了这项研究。

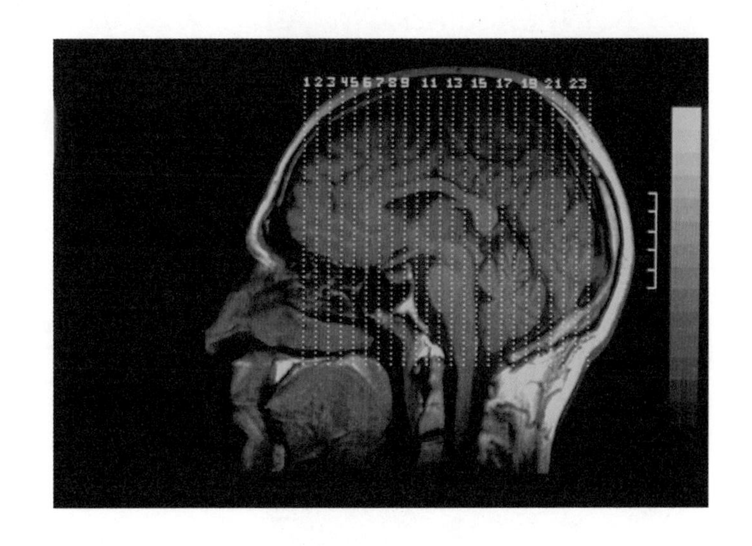

电击大脑 增强记忆

撰文 | 戴维·别洛（David Biello）
翻译 | 周林文

用微弱的电流刺激沉睡的学生，可以使不同神经元的活动协调一致，从而带来更好的记忆效果。

用微弱的电流刺激沉睡的学生志愿者的大脑，就可以提高他们在词汇记忆测试中的成绩。在睡前，学生们要记住46对词汇，随后平均能回忆起其中的36.5对。在经过电刺激的睡眠之后，他们平均回忆起的词汇量提高到了41.2对，而睡眠中没有受到电刺激的学生只能回忆起39.5对。这个发现表明，对大脑进行电刺激可以使不同神经元的活动协调一致，从而带来良好效果。这项研究的结果于2006年11月5日发表在《自然》杂志网站上。研究人员还在探索，这种提高记忆力的效果究竟能维持多久，以及深度睡眠怎样影响记忆——由于某种原因，人们在大约40岁之后就逐渐无法深度入睡，也就是从这时候起，人的记忆力开始下降。

增强记忆的
芳香美梦

撰文 | 蔡宙（Charles Q. Choi）
翻译 | 刘旸

在玫瑰花香中进入睡眠最深阶段的志愿者能记住更多的信息，这说明香味激活了与记忆相关的海马区。

在玫瑰的环抱中睡上一晚，能够增强你的记忆力。睡眠的目的至今仍是个谜，一种假说认为，人需要在梦境中重温白天的种种新体验，从而促使它们进入长期记忆。为了探究这个观点，研究人员让志愿者在一间充满玫瑰花香的屋子里，用电脑玩一个被称为“记忆”的纸牌游戏。这个游戏会在电脑屏幕上闪现多对纸牌，参与者要在短短几秒钟内记住它们的位置。随后，在这些受试者进入睡眠状态时，研究人员让他们接受玫瑰花的芬芳——众所周知，气味可以刺激记忆。在慢波睡眠时受到花香熏陶的志

愿者，在游戏中表现得更好。慢波睡眠通常代表着睡觉的最深阶段。对处于慢波睡眠的志愿者所做的大脑成像显示，香味激活了被认为与记忆有关的海马区。德国吕贝克大学的科学家们在2007年3月9日的《科学》杂志中介绍了他们的这一发现。

慢波睡眠

又称正相睡眠，因脑电图特征呈现同步化的慢波而得名。正常睡眠包括两个交替出现的不同时相：非快速眼动睡眠（NREMS）和快速眼动睡眠（REMS）。其中，NREMS又分为N1、N2、N3三个阶段。慢波睡眠就是指N3这个阶段。通常在整个睡眠过程中，NREMS和REMS按以下程序循环4～6次：觉醒→N1→N2→N3→N2→REMS→N2→N3→N2→REMS……在慢波睡眠阶段，脑电图记录中占主导的是低频δ波（脑电波起伏可达75微伏，频率通常是0.5～2赫兹）。慢波睡眠与新记忆的巩固有关。

人类
睡眠计划

撰文 | 梅琳达 · 温纳 · 莫耶（Melinda Wenner Moyer）
翻译 | 冯泽君

监测全世界人民的睡眠模式，必有所获。

大家都知道，晚上睡不好，白天容易偏执，眼睛会浮肿，还会不停打呵欠。如果长期睡不好，还会增加患心脏病、肥胖症等疾病的概率，甚至会早死。但是，由于很难监控大规模人群的睡眠状况，睡眠问题的成因和影响一直是个谜。德国慕尼黑大学的时间生物学家蒂尔 · 伦内伯格（Till Roenneberg）认为，开展全球性的"人类睡眠计划"也许可以解开其中一些奥秘。

收集睡眠数据的最常见方式是通过回顾性问卷，调查人群的睡眠习惯，但这种结果并不是很可靠，因为人们往往会高估自己的睡眠时间。在实验室监测倒是准确得多，但毕竟不是日常行为。2013年6月的《自然》杂志上提出了一个全球性睡眠项目，准备给参与者配备各种传感器实时跟踪他们的睡眠模式，作为回报，研究人员将会详细反馈研究结果。

"如果人们发现，在家上网就能查到自己的睡眠数据，我认为报名者将不会只是几百或上千人，而将不下百万人。"伦内伯格说。

有了这些数据，研究人员就能梳理出确保健康睡眠的生活方式。美国国家睡眠基金会发言人马克斯 · 贺须克韦兹（Max Hirshkowitz）说，"就像气象卫星一样，更广阔的视角才能得到全球的数据，目前的局限，以及各个因素之间的相互影响，在实验室中往往被简化为不变的常数"。他认为全球性睡眠项目也将为我们揭示文化、职业和地域等因素对睡眠模式的影响。

伦内伯格说，这样规模的一个项目将耗资大约3,000万美元，对于像睡眠这样重要性长期被低估的研究来说，是个很大的数目。“睡眠是无意识的，也没有显而易见的产出，既不能挣钱也不能生孩子，所以很容易被人们忽视”。他希望将来的全球数据能让人们意识到“眼一闭”的重要性。

睡眠改善记忆

撰文 | 约翰·惠特菲尔德（John Whitfield）
翻译 | 陈声宇

科学家们都认为睡眠能够改善记忆，但究竟什么样的睡眠能改善记忆以及睡眠改善记忆的原理，科学家之间仍然没有达成一致意见。

午饭后，如果你无法抵挡阵阵困意，在办公室里睡着了，肯定会引起老板的不快。但根据睡眠研究的结果，老板应当对你的行为提出表扬。

德国杜塞尔多夫大学的奥拉夫·拉尔（Olaf Lahl）及其同事的一项研究表明，短短6分钟的睡眠，就能显著改善记忆，这也是目前发现的、能影响神经功能的最短睡眠时间。拉尔认为，在人们进入睡眠、失去意识的过程中，大脑内肯定发生了某些事情，使记忆得以巩固。

受试者们在下午1点到达杜塞尔多夫大学的睡眠研究实验室。实验开始后，研究人员给每位受试者发了一张单词表，让他们花两分钟时间记忆表上的30个单词，并在1个小时后考查他们记住了多少。在此期间，他们可以保持清醒，也可以睡眠6分钟或35分钟。最终，受试者们的成绩出现了明显的差异：完全没有睡觉的人平均记住了7个单词；睡了6分钟的人记住的

打盹是一种自然现象

很多人都无视打盹的作用，这也许是因为公司老板们都不喜欢“偷懒”的员工。但德国杜塞尔多夫大学的科学家奥拉夫·拉尔认为，短暂睡眠是动物界中的常见现象，而且一个人每天只睡一次觉是不正常的。他还指出，空暇时间较多的人（如婴儿和老人）是最可能打盹的人群。

单词一般在8个以上；而睡了35分钟的人记住的单词最多，在9个以上。

拉尔曾认为，睡眠只是“被动”改善记忆：在无意识状态下，新旧记忆的替换速率会减缓，睡眠对记忆的改善其实没有任何贡献。新的发现改变了他的看法，毕竟在6分钟内，人们不会忘掉太多的事情。

英国拉夫堡大学研究睡眠的科学家吉姆·霍恩（Jim Horne）却持不同的观点，他认为只有深度睡眠才能改善记忆，打个盹并没有多大作用，最多让人们提提神。至于拉尔的实验，霍恩说：“与其说打盹改善了记忆，倒不如说疲倦破坏了记忆。”

对于霍恩的观点，哈佛大学医学院的睡眠研究者罗伯特·斯蒂克戈尔德（Robert Stickgold）明确表示反对：“区区6分钟的睡眠能赶走多少困意？”分析了拉尔的实验后，他推测，在人们进入睡眠状态前，记忆巩固过程可能已经开始，睡醒后仍在继续——在清醒后的几分钟里，大脑会完成一些后期处理任务。

睡眠时，我们的大脑并未停止工作，一系列复杂的生理活动仍在有序进

睡觉不是偷懒：打个盹对你很有好处，至少能改善你的记忆。

行：海马区形成瞬间记忆后，该区域的神经元放出电流，传递至大脑皮层，将记忆信息转变为更持久的形式——这可能就是人们睡醒后，记忆得到改善的原因。如果你认为，这一过程只是简单地把信息“刻”入神经组织，那就错了。研究显示，睡眠有助于我们合理利用储存在大脑里的素材，比如从学到的内容中提取要点、用有趣的方式整合记忆、缓解白天的情绪等。

霍恩说：“缺乏睡眠会严重损害思维能力。你的思路会越来越狭窄，应急能力、风险评估能力也会随之下降。”对于医务工作者、倒班工人和军事指挥官来说，这不是好消息。他还认为，这也可以解释为什么赌场总是通宵营业。

斯蒂克戈尔德说：“睡眠时，大脑最重要的信息处理过程是，给某些信息赋予特殊含义，并把这些信息融入更高层次的情景中。这种处理过程很可能推动了睡眠的进化。在睡眠的所有功能中，只有记忆必须通过睡眠，而不能采用在清醒状态下休息的方式来实现。”

相反，拉尔却认为，睡眠的首要目的是修复大脑和排出毒素。他指出，一个人在白天学了多少新东西，与晚上需要多长时间的睡眠没有任何关系。现在，他开始研究两分钟睡眠的作用。“我们试图大幅缩短睡眠时间，以确定记忆改善过程究竟是在哪个时间段开始的。但如果时间过短，就很难确定受试者是否真的睡着了。”他说。

预防
分心

撰文 | 克伦·布兰克费尔德·舒尔茨(Keren Blankfeld Schultz)
翻译 | 刘旸

大脑工作执行网络的活力在分心前会降低。一旦受试者发现自己犯错，就会重新集中注意力。下一步人们将利用脑电图来预测分心犯错。

在单调重复的工作过程中，每个人都曾因分心而犯错。然而，大脑注意力或敏捷性的降低，并不是造成这种失误唯一的罪魁祸首。事实上，大脑某些区域与努力维持工作状态相关，通过对这些区域的活动情况进行观察，人们甚至可以在失误产生前30秒发出警告，从而避免失误。挪威卑尔根大学的研究人员应用功能性磁共振成像技术，对正在进行单调重复工作的人的大脑进行了扫描。在该实验中，受试者需要完成的工作是确定电脑屏幕上一个箭头的指向。

大脑工作执行网络的活力在失误前会降低，而一旦受试者发现自己犯错，就会重新集中精力，即令大脑重新建立起活跃的状态。领导此项研究的汤姆·艾歇勒(Tom Eichele)说，下一步，人们将利用脑电图来预测分心犯错。这种易于随身携带的无线设备可以使预测变得更加可行。研究结果被刊登在2008年4月22日的《美国国家科学院院刊》上。

单调的工作会造成分心犯错。

新发现
革新学习方式

撰文 | 加里·斯蒂克斯（Gary Stix）
翻译 | 孙翔

美国神经生物学家用计算机对1万种不同的刺激间隔进行建模，以确定什么样的学习过程更高效。结果表明，固定的时间间隔并不能使学习效果达到最佳。这项研究的意义在于，它使人们认识到，单纯拼时间来学习未必是最佳方式。

在中学和大学里，老师们总是反复向学生强调，不要抱有临阵磨枪的念头，在整个学期中循序渐进地学习才是可取的方法。2011年12月刊登在《自然·神经科学》杂志上的一篇研究论文，向人们阐明了这一教育学理论的生物学基础。这项研究也为学习时间的优化提供了新的认识——理论上讲，无论是记忆刺尾鱼毒素的分子结构还是汉字的写法，人们都能根据这一发现来开发相应的记忆策略。

美国得克萨斯大学医学院的神经生物学家约翰·伯恩（John H. Byrne）对埃里克·坎德尔（2000年诺贝尔生理学或医学奖得主）开发的学习方法进行了改进。在研究中，坎德尔每隔一定时间，就对加州海兔的尾部进行电击。一段时间后，再给加州海兔一个较温和的刺激，看它是否会发生过激反应——如果是，那就意味着加州海兔很好地记住了以前的经历。

伯恩和他的研究团队希望找到一种方法，可以调控上述生理反应，进而强化学习的过程。在研究中，研究人员没有用完整的加州海兔，而是在培养皿里放了一些加州海兔的神经元（主管感觉和运动的神经元）。他们用一种神经递质——5－羟色胺，对神经元进行了5次刺激（等同于电击），每20分钟一次。5－羟色胺会提高神经元中酶的活性，使得一系列生化反应得以启动，最终提高神经元的放电强度。这相当于神经元在说：“我记得这个，很疼！”

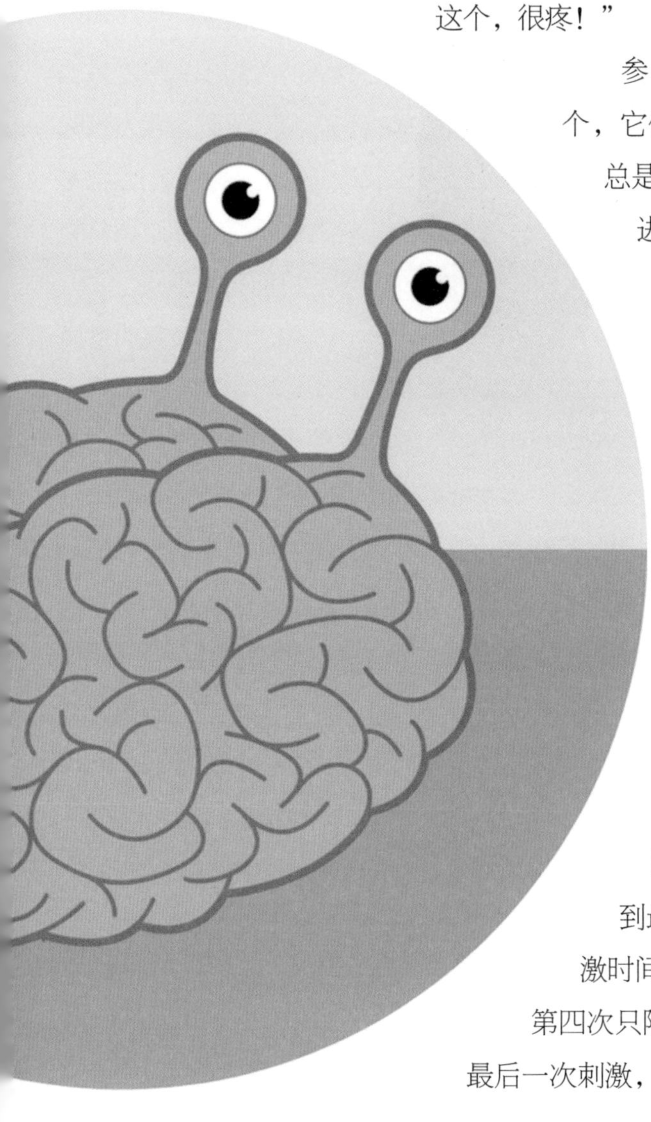

参与这一神经反应的酶有两个，它们依次发挥作用。传统方法总是以固定的时间间隔对神经元进行刺激，这时两种酶在细胞内的活性不会同时到达最高值。因此，这说明，通常的刺激方法可能并不是最好的。

伯恩的团队用计算机对1万种不同的刺激间隔进行建模，并对每种间隔时间的设定进行评估，以确定如何才能使两个酶都被充分激活。结果表明，固定的时间间隔并不能使学习效果达到最佳。如果把5－羟色胺的刺激时间设置为前三次每隔10分钟，第四次只隔5分钟，此后30分钟再进行最后一次刺激，两个酶之间的相互作用强度

将提升50%，这表明学习过程可以变得更高效。

这是不是说，我们在学习微积分时，可以在前两周隔一天上一次课，一个月后复习一次就行了？目前还不能这样说。伯恩发现的时间原则可能是加州海兔对天敌捕食方式的适应，有助于它们逃脱龙虾的螯爪，这和微积分的学习可能略有不同。

伯恩这项研究的意义在于，它使人们认识到，单纯拼时间来学习未必是最佳方式。神经生物学家从此又新增了一大堆要研究的问题。

现在，伯恩和同事打算用类似的技术，再从其他方面优化加州海兔的记忆形成过程。如果成功，他们将在人体中进行类似的研究。改善人们的运动技巧可能是他们的首个目标——帮助人们更好地踢足球、跳高和让中风患者重获行动能力，因为科学家对小脑（负责运动）神经回路的了解，要比海马区更多一些（这个与记忆相关的脑区，实在涉及太多的生化过程）。不过现在，我们还需耐心等待这一天的到来。

话题三
拯救大脑

大脑处在危机之中？作为人体最高统帅的大脑对生命的意义毋庸置疑。假如大脑发生了损伤、病变，我们要如何应对？如何缓解大脑的疲惫？剧烈运动会给大脑带来负担和损伤么？阿尔茨海默病是可以传染的？大脑在等待救援！让我们跟随科学家的脚步，一起去探寻我们到底能为大脑做些什么。

大脑进化的代价

撰文 | 克里斯蒂·威尔科克斯(Christie Wilcox)
翻译 | 高瑞雪

进化的代价就是，脑袋变大可能肠子就要变小。

如果大脑都是越大越好，那么每一种动物脑袋都不会小。因此，科学家推测，大脑袋肯定有不利的一面。

例如，人类的大脑只占我们身体的2%，但却占据了我们能量需求的20%。那么，哪些身体部位为此付出了代价？根据20世纪90年代逐渐发展形成的高耗能组织假说，我们的肠道不幸中标，但是借助于智力，我们能够更有效地采集和狩猎，从而弥补了这方面的损失。

瑞典乌普萨拉大学的研究人员利用孔雀鱼中大脑大小的自然差异对较大大脑的代价进行了测试。

首先，研究小组通过人工选择，成功得到了大脑比对照组大9%左右的孔雀鱼。然后，研究人员让这些鱼进行一个数字学习任务（孔雀鱼有初步的计算能力）。雄鱼似乎并没有从较大的大脑中得到任何好处，而大脑袋的雌鱼在学习任务上则明显表现得更好。但是真正引人注目的并不是这些，而是拥有更大大脑的代价。拥有较大大脑的雄鱼肠道规模缩减了20%，雌鱼缩减了8%。萎缩的消化系统似乎对繁殖产生了严重的不利影响：这些更聪明的孔雀鱼产生的后代比对照组少了19%。2013年1月，《当代生物学》在线发表了这项研究成果。

这项研究提供了关于大脑生理成本的以实验为基础的证据，从而为高耗能组织假说提供了第一个直接支持，同时，也为人类大脑的进化路径提供了一些新见解。关于我们大脑增长的最盛行的假设是，我们的饮食中有更多的动物产品，这使我们能够通过较少的食物获得更多的能量，从而抵消了肠道缩减的成本。但是，争论还远没有结束。

在灵长类动物中进行的对比研究并不支持大脑和肠道的此消彼长关系。当然也有很多关于其他内容的假说，比如我们如何和为何长出了大量的“叶”（比如脑叶、肺叶），以及我们的身体为它们付出了怎样的代价。

大脑真的会酸痛

撰文 | 黛安娜·权（Diana Kwon）
翻译 | 马骁骁

越来越多数据显示，精神疾病和大脑的低pH值相关。

人脑的酸性时刻在发生变化，原因之一是大脑在分解糖分产生能量时，会生成二氧化碳。不过，由于健康的大脑内还存在排出二氧化碳的其他活动——如呼吸过程等，大脑的酸碱性总体来说呈中性。也正因如此，大脑酸性的快速波动常常被人忽视。

然而，越来越多实验证据表明，对一部分人来说，酸性的这种微小变化和恐慌症及其他精神疾病相关。一些新的发现进一步确认了两者之间的联系，而且认为大脑酸性与精神分裂症和双相情感障碍也有关。

早期研究已经发现了一些线索，科学家曾测量过许多死者大脑的pH值（衡量酸碱度的指标），结果发现，生前患有精神分裂症和双相情感障碍的人，大脑pH值更低（酸性更强）。

双相情感障碍

又称躁郁症，是一种常见的精神障碍，主要特征是患者表现出躁狂与抑郁这两种相反的极端情绪状态，或交替，或循环，也可以以混合方式同时出现，其强度与持续时间均大于一般人平时的情绪起伏。双相情感障碍的发病原因目前还不明确，不过可以确定其与遗传以及压力都有关系。

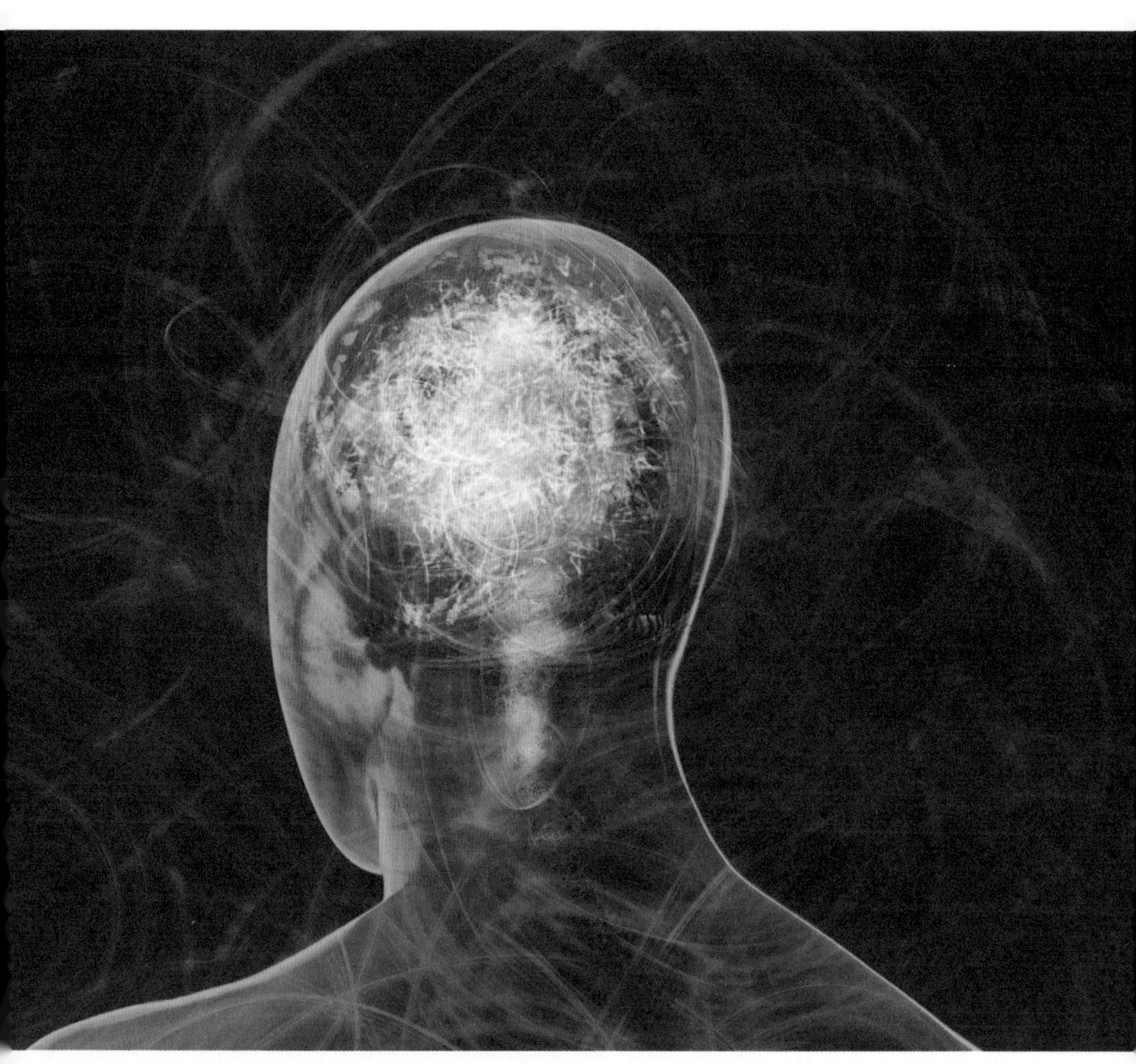

恐慌症、精神分裂症及其他精神疾病与大脑酸性增强有关。

空气中的二氧化碳可以和人体内的水分结合，生成碳酸，过去几十年间的多个研究发现，当暴露于二氧化碳浓度偏高的环境中时，恐慌症患者比健康人更容易经历恐慌发作。人在持续使用大脑时，需要消耗大量能量，在这个过程中会产生和消耗大量乳酸。有一些研究就发现，恐慌症患者大脑内的乳酸含量比健康人偏高。

可是研究人员无法判断，大脑酸性升高是由于患有精神疾病，还是其他因素（例如，患者在去世前服用的抗精神病药物，或临死亡前的身体状态）导致的。美国马里兰大学的教授、心理医生威廉·雷吉诺德（William Regenold）解释说："假如一个人的死亡过程较慢，那么人体处于缺氧状态的时间会很长，这会影响到体内的新陈代谢。"雷吉诺德说，这种情况下，身体和大脑更加依赖无氧方式产生能量，导致乳酸水平升高，大脑pH值降低。

受这些问题启发，日本藤田保健卫生大学的神经科学家宫川刚（Tsuyoshi Miyakawa）和同事仔细检查了已有的关于死亡大脑的10组数据，其中包括了400名精神分裂症或双相情感障碍患者的数据。他们想验证一下，大脑酸性和精神疾病之间到底有没有关系。

研究人员首先控制并排除了一些可能干扰结果的因素，如用药史、寿命等。结果和猜测的一样，对大脑pH值的分析显示，与健康人相比，患有精神分裂症或双相情感障碍的人，大脑pH值明显更低。此外，他们还进一步检查了5组小鼠模型（经过基因改造后，产生相同精神疾病症状的小鼠），并得到了类似的结论：与健康的对照组小鼠相比，20多只没有用药的患病鼠大脑pH值更低，且乳酸水平也偏高。

而且，所有小鼠都是以同样的步骤接受了安乐死，这说明pH值的差异并不是由死亡过程长短导致的。

相关研究成果已发表在《神经心理药学》杂志上。宫川认为，新研究有力地证实了大脑酸性和神经疾病之间的确存在关联。雷吉诺德（未参与此项研究）也对这种看法表示认同，他说："因为该结论是分析了所有数据集后得出的，这也再次证明了大脑酸性和神经疾病之间存在联系。我认为该研究具有创

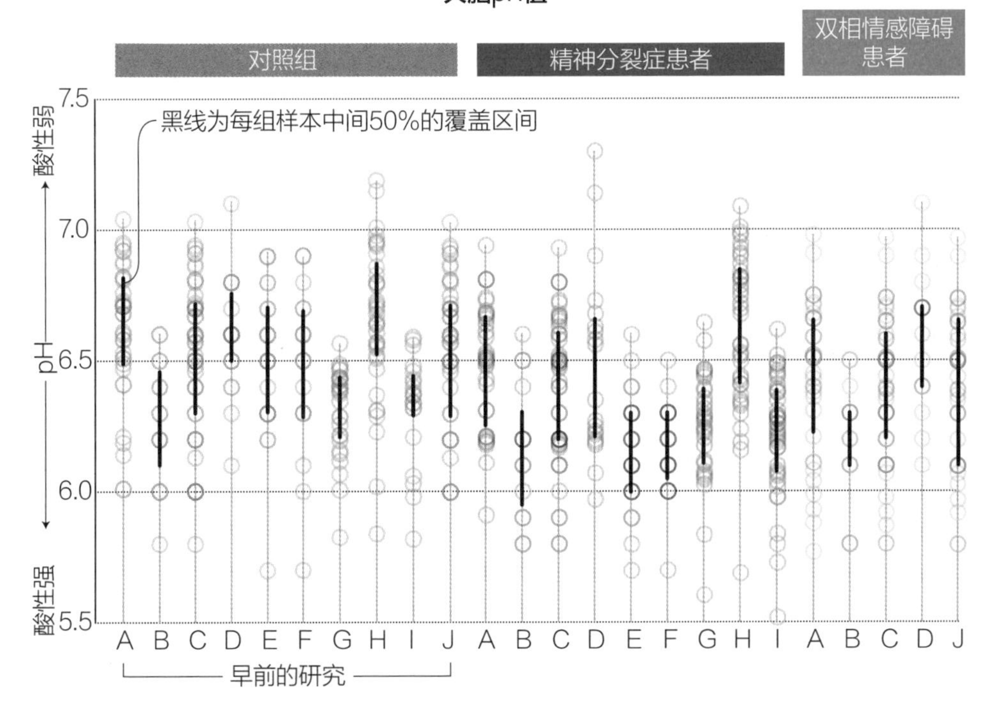

研究者分析了10个研究的数据，比较了精神分裂症、双相情感障碍患者和健康人死亡后大脑的酸性。总体看来，精神疾病患者大脑pH值的中列数比健康人低，这说明他们大脑中的化学成分更偏酸性。

新性的一点是，他们单独关注了pH值这一因素，并认为它和神经疾病有直接关联，而没有纠结于pH值降低的原因。”

不过，美国艾奥瓦大学的神经科学家约翰·韦米（John Wemmie）认为，尽管这项分析死者大脑的研究很有意思，但并不一定能说明活体大脑pH值变化与精神疾病有关。对双相情感障碍、精神分裂症、恐慌症患者进行实时脑成像研究，能为酸性假说提供更直接的证据。利用能检测组织中生物化学变化的磁共振光谱仪，科学家已经发现上述患者大脑中的乳酸含量更高。

虽然研究人员越来越意识到，大脑酸性或许是精神分裂症和双相情感障碍的重要特征，但尚未搞清它们之间的因果关系。按宫川的说法，一种可能是这些患者脑内过多的神经活动导致酸性增加。另一种流行的解释则认为，酸性增加是“细胞发电站”——线粒体受损的结果，雷吉诺德说。当然这两种解释可能都是正确的。

宫川说，下一个难题是搞清楚大脑中的低pH值，是否会导致与精神疾病相关的认知变化和行为变化。一些证据似乎表明，答案是肯定的。

韦米说：“我们知道（被酸激活的）受体可以影响动物的行为，所以很可能人们一直忽视了大脑在清醒状态时的pH值变化。”

剧烈运动易致
大脑损伤

撰文 | 黛西·尤哈斯（Daisy Yuhas）
翻译 | 冯泽君

有证据显示，运动伤害与逐渐加剧的脑损伤密切相关。

头盔可以保护运动员和军人的头部，但并不能完全规避受冲击以后，大脑撞击头骨所产生的伤害。研究表明，这种反复性创伤会引发极具破坏性的大脑疾病。2012年12月2日，美国波士顿大学医学院、美国退伍军人事务部以及其他机构研究人员在《大脑》发表文章，描述了慢性创伤性脑病（CTE）引起的病变，详尽分析该病病理，并指出它同其他神经退行性疾病（如阿尔茨海默病）的区别。

研究人员分析了85个已故患者的大脑样本，其中包括有创伤性脑损伤（TBI）病史的运动员和退伍军人。样本显示，该疾病在脑内发作时，伴有tau蛋白紊乱，这种蛋白是认知能力退化的标志蛋白，和阿尔茨海默病也密切相关。不过在这两种疾病中，tau蛋白出现在不同的脑区，而且在CTE患者中，紊乱的tau蛋白呈现出独特的片状分布。最初的脑部异常似乎只是物理损伤，而动物模型的实验结果显示，病情的发展可能与创伤间隔时间有关：如果旧伤未愈，再次受创会加剧大脑损伤。

该研究进一步确认，运动员头部反复受创，会加剧病情。在85个病例中，有68例患CTE，其中64例曾从事身体接触性运动，如足球或曲棍球。不过，该研究还无法解释，为什么其他有相似经历的运动员并未得病。论文作者安·麦基（Ann McKee）说：“正因如此，我们更要尽快找出原因，因为有些人似乎天生就更容易患CTE。”

果蝇研究揭示
脑创伤机理

撰文 | 萨拉·费奇（Sarah Fetch）
翻译 | 赵瑾

不起眼的果蝇或许能为我们揭示脑损伤的神经基础。

40多年前，遗传学家巴里·伽内茨基（Barry Ganetzky）偶然发现，用手掌击打装有果蝇的小瓶会将其中的果蝇震晕。他回忆道："所有的果蝇都被震到了瓶底，它们不能爬行，完全无法协调运动，只能四脚朝天地躺在那里。"

伽内茨基当时并没有对此多想，但随着职业运动员的头部损伤开始引起人们关注，他意识到，那些被震晕的果蝇可能具有科研价值。于是，他和美国威斯康星大学麦迪逊分校的同事开始研究，如何利用果蝇来揭示创伤性脑损伤（TBI）的细胞机理。

虽然经过了数十年的研究，但研究人员对TBI仍然知之甚少。急剧的加速和减速运动（例如撞车或踢足球时被撞）会使大脑与头盖骨内壁发生碰撞，从而造成伤害。这样的撞击会诱发一系列细胞反应，对大脑和神经细胞造成进一步损伤，并可能导致长期的认知障碍。

利用果蝇，研究人员可对TBI进行规模更大、更可靠的研究。因为果蝇不仅饲养费用低廉，而且生命周期短暂，研究人员能跟踪监测它们整个生命周期的健康状况。目前，果蝇已经用于阿尔茨海默病和帕金森病研究。伽内茨基说："果蝇脑中的神经细胞与人脑中的神经细胞基本相同。"虽然果蝇的大脑只有一颗沙粒那么大，但与人脑类似，被包在果蝇外骨骼形成的头壳里，二者之间有一层液体，在大脑受到撞击时可作为缓冲。

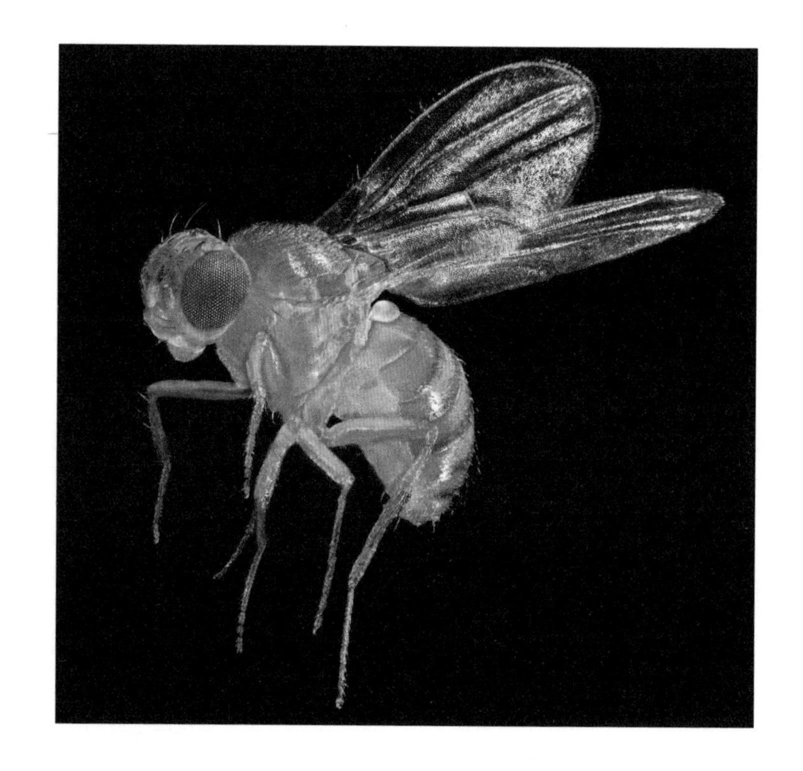

研究过程中，伽内茨基和同事把果蝇装入小瓶中，然后用瓶子撞击装有软垫的平面。随后，研究人员对这些受到撞击的果蝇进行解剖。他们发现，这些果蝇的大脑都受到了损伤，并表现出与人类TBI类似的症状，包括意识丧失、肢体协调性缺失以及死亡率增高。这一结果发表在2013年10月的《美国国家科学院院刊》上。TBI对人体的伤害似乎不仅取决于撞击的严重程度，还与个体的年龄和遗传因素有关。

伽内茨基的研究团队希望，通过对果蝇的研究，有朝一日科学家能够通过检测血液中的生物标记分子来诊断TBI，并且找到预防大脑细胞退化的方法。

利奥·帕兰克（Leo Pallanck）是美国华盛顿大学一位利用果蝇研究神经退行性疾病的科学家，他认为："果蝇作为一种模式生物，让我们能够简易、快速地研究与TBI相关的生理途径。我们希望这些研究能让我们找到治疗和预防TBI的方法。"

阿尔茨海默病会传染？

撰文 | 黛安娜·权（Diana Kwon）
翻译 | 李春艳

一项研究首次向人们展现了一类可自我复制的致病蛋白，在人与人之间进行传播的可能。

当人类感染了引发疯牛病的病毒后，就会患上克雅病，具体症状为大脑逐步萎缩退化，患者智力迅速减退。从该病已有的案例看，90%的患者会在出现临床症状后一年内死亡。这一疾病的罪魁祸首即为朊蛋白，一种发生错误折叠的蛋白，它能诱导周围的正常蛋白质也发生同样的错误折叠，并不断自我复制，成群聚集。科学家已经知道，这类可自我复制的致病蛋白，会引发罕见的大脑功能紊乱性疾病，如在巴布亚新几内亚发现的库鲁病。但越来越多的证据表明，朊蛋白几乎对所有，或者说对至少包括阿尔茨海默病、亨廷顿病、帕金森病等疾病在内的，由错误折叠蛋白聚集而引发的神经退行性疾病皆有影响。

长久以来，科学家都认为，造成此类严重神经退行性疾病的错误折叠蛋白，并不会在人与人之间进行传播。然而2015年9月，《自然》杂志上发表的一项研究，首次向人们展现了此类蛋白在人与人之间进行传播的可能。

在这项研究中，英国伦敦大学学院的神经病学家约翰·科林奇（John Collinge）及同事对8名在36～51岁间死于克雅病的患者进行了尸检。这些患者都曾在接受生长激素治疗（后来发现他们使用的生长激素被朊蛋白污染了）后感染了克雅病。而真正令人惊奇的是，研究人员发现，虽然研究对象中有6名患者年纪尚轻，不应出现阿尔茨海默病的症状，但他们的脑内都存在成块的

β-淀粉样蛋白，而这正是阿尔茨海默病的典型病征。

虽然这一发现堪称是“爆炸性”的，但有专家认为，对于这一研究结果我们还不能妄下定论。比如，美国宾夕法尼亚大学的神经科学家约翰·特罗扬诺夫斯基（John Trojanowski）就指出，这一研究的实验对象数量有限，不具有普遍性，同时并没有直接证据能证明该疾病具有传播性。不过，倘若最终真的可以证明，阿尔茨海默病与其他神经退行性疾病有着大致相同的传播途径及病理机制，那么只要找到其中一种疾病的治疗方法，其他疾病也就可以迎刃而解了。

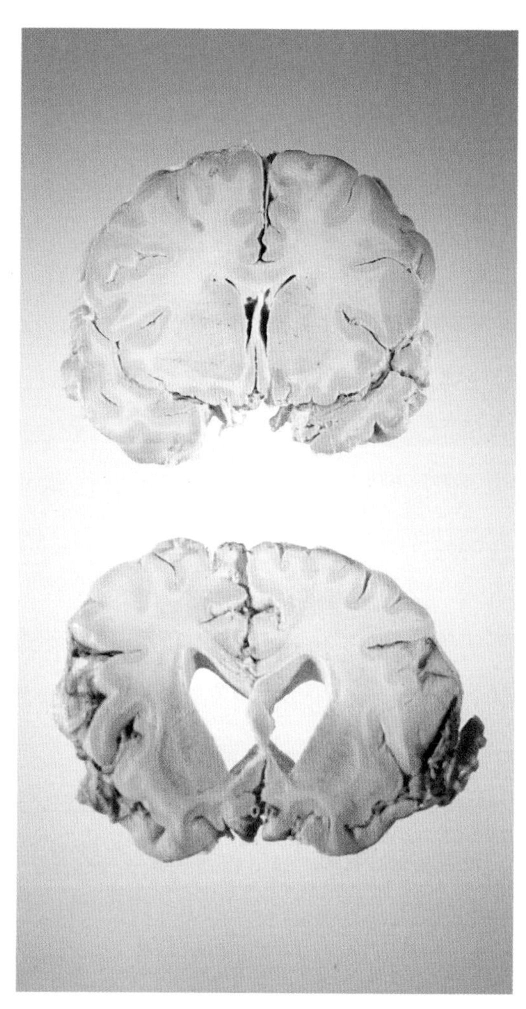

阿尔茨海默病会破坏患者大脑中许多区域的神经元，包括负责记忆的那部分（下图）。

美国得克萨斯大学休斯敦健康科学中心的神经病学教授克劳迪奥·索托（Claudio Soto）指出，“上述研究中涉及的病例也许只是个例，然而重要的是，搞清楚这一基本原理或许会为开发新的疗法及诊断方式提供帮助”。目前研究人员普遍认为，体液中成块的传染性蛋白与阿尔茨海默病及其他神经退行性疾病有关，包括索托及科林奇在内的众多研究人员正致力于探索检测体液中此种蛋白的方法，希望以此推动医学诊断的进步。

不过，此类检测多半面临巨大挑战。2015年9月，德国图宾根大学的马蒂亚斯·尤克尔（Mathias Jucker）及同事就在

《自然・神经科学》杂志网络版上发文指出，要找出微乎其微的β-淀粉样蛋白，即潜伏在实验老鼠脑内的疾病“种子”，必须使用极为细致灵敏的方法。这些“种子”即使经过6个月的潜伏期后，依旧可以重新获得致病能力。所以，这些与朊蛋白类似的β-淀粉样蛋白，很可能在疾病症状出现很早之前，就已存在于大脑内了，只是当时含量较低没有被常规测试检测出来。

斯坦利・普鲁西纳（Stanley Prusiner，因发现朊蛋白获得1997年诺贝尔生理学或医学奖）在2015年夏季发表的一篇研究论文中指出，一种潜在的类朊蛋白可能引发多种疾病。普鲁西纳及同事发现，这种与阿尔茨海默病有关的变异型α-突触核蛋白可引发多系统萎缩症（一种罕见的神经退行性疾病）。探索这些致病蛋白的变体在结构上有何不同，及其独特结构对致病性的影响，势必将成为未来研究的重点。“已有证据表明，朊蛋白及β-淀粉样蛋白以不同的形式存在，具有的生物学功能亦不相同，”美国埃默里大学的拉里・沃克（Lary C. Walker，参与《自然・神经科学》杂志刊登的那项研究）说：“我相信，认识到这些不同，对深入了解此类疾病大有裨益。”

不断出现的新证据使越来越多科学家开始怀疑，与朊蛋白致病相似的过程，或许是所有神经退行性疾病的发病机制。普鲁西纳也认同这样的质疑，因为在1997年诺贝尔奖颁奖现场的演讲中，他就曾预测：了解朊蛋白的构成方式有利于人们了解包括阿尔茨海默病、帕金森病，以及肌萎缩侧索硬化症（ALS）等在内的更多神经退行性疾病的病因，从而开发出新的疗法。

用病毒突破血脑屏障

撰文 | 莫妮克·布鲁耶特（Monique Brouillette）
翻译 | 马骁骁

科学家已经找到了一个利用无害病毒跨越血脑屏障的方法，可以将药物送进大脑。

治疗脑部疾病时，医生不得不面对一个难题：脑血管细胞排列非常紧密，形成了一层无法穿越的屏障，将大脑牢牢保护住。尽管血脑屏障成功地将有害化学物质和细菌挡在了人体的“主控室”门外，但也使约95%的口服或注射药物无法进入大脑。因此医生不得不直接向大脑注射药物，来治疗帕金森病等神经退行性疾病，这种有创疗法需要在颅骨上钻孔。

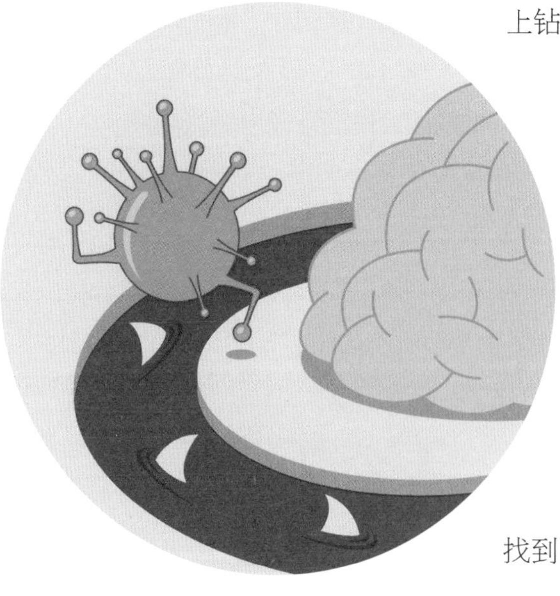

科学家在突破血脑屏障方面已经有了一些小成果。他们可以利用超声技术或一种纳米颗粒让一些注射药物进入大脑，但这些技术只能针对非常小的一部分区域。而美国加州理工学院的神经科学家维维安娜·格勒迪纳鲁（Viviana Gradinaru）和同事已经找到了一个利用无害病毒跨越血脑屏障的方法，可以将药物送进大脑。

格勒迪纳鲁的团队之所以尝试使用病毒，是因为病毒不仅足够小，而且有能力入侵细胞并从内部改写细胞的DNA。病毒的衣壳还可以装载有益物质，比如药物。

为了找到最适合进入大脑的病毒，研究人员改造了一种腺相关病毒株，制造出了数百万种不同衣壳结构的变种。然后他们给小鼠注入这些变种病毒，并在一周后筛选出病毒成功进入大脑的病毒株。结果发现，一个叫作AAV-PHP.B的病毒在稳定地穿越血脑屏障方面表现最佳。

接下来，研究人员测试了AAV-PHP.B是否适合作为基因治疗的载体。基因治疗通过向细胞引入新的基因片段，以替代或抑制细胞原有的基因，从而治疗疾病。科学家向小鼠的血液中注射了这种病毒。在这个研究中，病毒携带的是绿色荧光蛋白基因。因此假如病毒穿越了血脑屏障，并将基因片段带入脑细胞中，那么研究人员可以通过解剖后的绿色荧光强度，记录穿越屏障的成功率。事实上，研究人员发现病毒成功感染了绝大部分脑细胞，而且荧光效果可持续长达一年。该研究成果已发表于《自然·生物技术》杂志上。

未来，这项技术也许可用于治疗多种神经疾病。安东尼·扎多尔（Anthony Zador）是在美国冷泉港实验室研究大脑连接的神经科学家，他表示："将基因序列导入大脑的无创技术不仅对科研意义非凡，在临床治疗方面同样潜力无限。"格勒迪纳鲁认为，这个方法可能同样适用于治疗大脑以外的区域，例如外周神经系统。外周神经数目众多，这使得治疗神经痛非常困难，而病毒则有能力作用在所有外周神经上。

仿生假肢无须大脑指令

撰文 | 加里·斯蒂克斯（Gary Stix）
翻译 | 赵瑾

让大脑控制假肢的方法，或许正是完全忽略大脑。

近几年，科学家在假肢与大脑的直接连接方面取得了大量进展。多项研究报道了严重残疾的病人（或实验室的猴子）可以通过大脑控制仿生假肢，再次拿起茶杯，甚至举起手臂，与人击掌。

然而，这类装置只能作为精密的实验样品，因为需要不断地调试，才能确保装置与大脑之间的良好联系。如何准确、稳定地读取植入大脑中电极发出的信号，对神经科学和生物医学工程领域来说，是一个巨大挑战，要解决这个问题，可能还需要好几代人的努力。

现在，科学家和工程师找到了一个填补这一缺失环节的替代方法——假肢不需要解读大脑发出的各种复杂信号，而是接收来自截肢后残存神经末梢的命令。

由美国芝加哥康复研究所研发的机械小腿，或许是迄今为止最好的例子。那里的科学家将一个由96个电极组成的圆柱状网架，装在扎克·沃特（Zac Vawter）截肢后的大腿上。2013年沃特32岁，他在2009年的摩托车事故后，进行了小腿截肢手术。医生在2013年9月的《新英格兰医学杂志》中报道，沃特大腿中的电极从外周神经末梢，接收来自大脑的信号，并指挥假肢行走甚至爬台阶。

为了从沃特大腿残存的神经中获取清晰的神经信号，医生将刺激足部运动

的神经连接到肌肉上，以增强神经信号。芝加哥康复研究所仿生医学中心的主任托德·库伊肯（Todd Kuiken）说："肌肉组织能够将原信号增强大约1000倍。"

另一种新型假肢则利用类似的外周连接，将四肢的感受信号传回大脑，让截肢病人重获触觉。美国凯斯西储大学的研究人员，将微型电极植入截肢者的上臂，并将其与机械手臂和仿生手相连。当仿生手中的感应器感测到压力时，这些电极就会刺激神经末梢，将触觉信息传给大脑。研究人员让蒙住眼睛的病人摘葡萄，以测试这个装置。

凯斯西储大学生物医学工程副教授达斯廷·泰勒（Dustin Tyler）说："病人能够以恰到好处的力道，将葡萄从枝上摘下，并且不会捏坏葡萄。"

当然，我们仍然需要研究大脑与假肢之间的直接连接方式，以帮助那些因脊髓受损，而无法向四肢传递神经信号的病人。但在此研究成功前，假肢与外周神经的连接，或许能帮助美国100万腿部截肢者中的一部分，走得更顺畅。

手移植改变
用手习惯

撰文 | 蔡宙（Charles Q. Choi）
翻译 | 刘旸

两位接受双手移植的男性都从惯用右手变成了“左撇子”。科学家猜测：也许原来的右手过于“强势”，相应的脑区失去了部分可塑性，较难重新建立联系；又或许手术本身的细微差别造成了用手习惯转换的现象。

双手同时移植可以改变患者的用手习惯。经过三四年的漫长等待后，两位因工伤失去双手的男性终于接受了双手移植。由于间隔时间太长，大脑通常会给原来控制双手的脑区重新分配工作，让它控制身体其他部位的肌肉。但法国里昂大学认知神经科学中心的研究人员却发现，两位断手男性的大脑可与刚移植的手重新建立联系，一段时间后，这双手也能完成各种复杂任务（在测试中，一位患者对一些电线进行了修理）。尽管两位男性原本都惯于使用右手，但他们的大脑却与左手最先建立联系，至少比右手快一年的时间。于是，二人就变成了“左撇子”。2009年4月6日，《美国国家科学院院刊》在网站上发表了此项研究。尽管改变用手习惯的原因尚不清楚，但科学家猜测：也许原来的

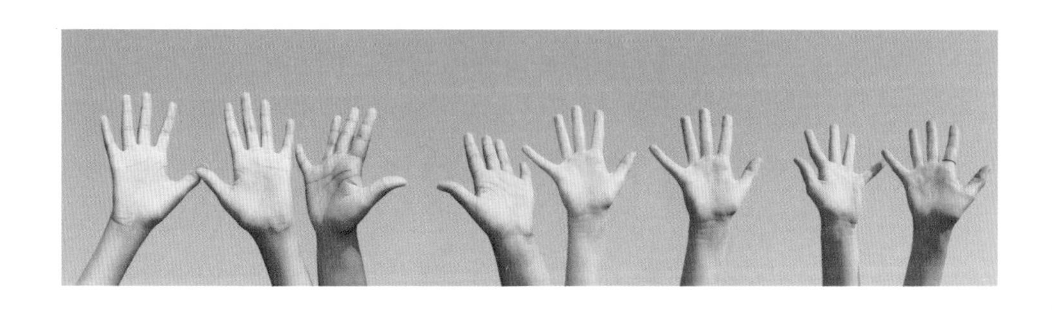

右手过于“强势”，相应的脑区失去了部分可塑性，较难重新建立联系；又或许手术本身的细微差别造成了用手习惯转换的现象。

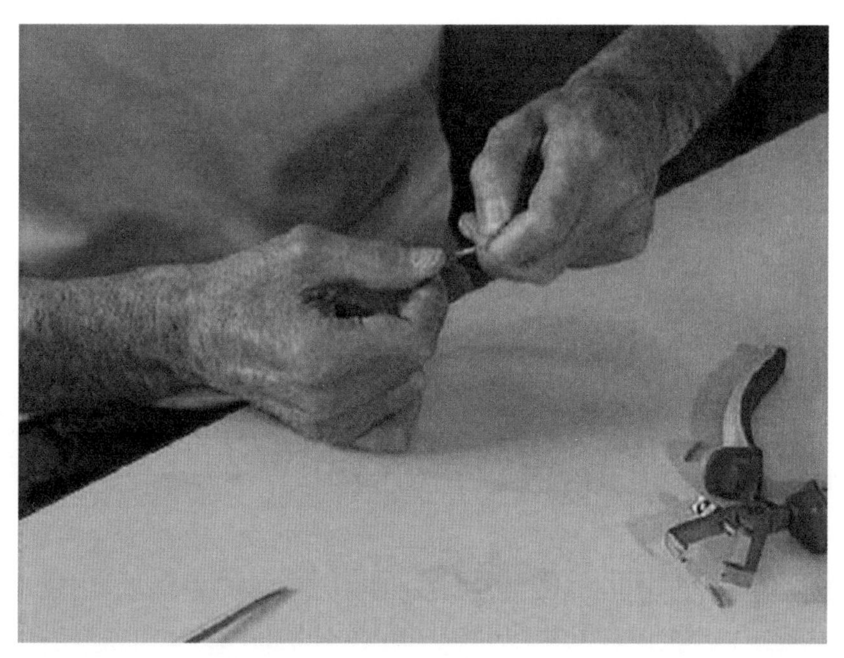

灵巧的双手：患者正用移植的双手扭动电线。

用外体
修复大脑

撰文 | 黛布拉·韦纳（Debra Weiner）
翻译 | 赵瑾

研究发现，一种叫作外体的天然覆膜小体，有助于修复受损的大脑细胞。

长久以来，科学家一直相信，积极的生活方式可以改善大脑健康。多项科学研究也证实：体育、智力和社交活动，即所谓的“环境强化作用”，不仅能增强个体的学习能力和记忆力，还能预防衰老和神经系统疾病。研究发现，环境强化作用在细胞水平上还表现出另一种好处，那就是它能修复大脑中的髓鞘。髓鞘是包裹在轴突（即神经纤维）外周的绝缘保护层，它会由于衰老、损伤或疾病（如多发性硬化症）而逐渐丧失。但环境强化作用又是怎样激发髓鞘的修复过程的呢?

这个问题的答案似乎涉及一种叫作外体的天然覆膜小体。许多种类的细胞，都会向体液中释放这类包含蛋白质和遗传物质的小液囊。这些外体中充满了各种信号分子，会随着体液流动，遍布身体各个部位。美国国立卫生研究院的神经生物学家道格拉斯·菲尔茨（R. Douglas Fields）也因此将其比作“瓶中信”。外体能针对特定细胞，改变其行为。动物研究显示，免疫细胞在环境强化作用下分泌的外体，能促使大脑细胞开始修复髓鞘。

研究人员认为，外体可以作为生物标记用于疾病诊断，或是作为载体来递送抗癌药物或其他药物。

在环境强化作用下产生的外体中，含有微RNA（microRNA），这些小段

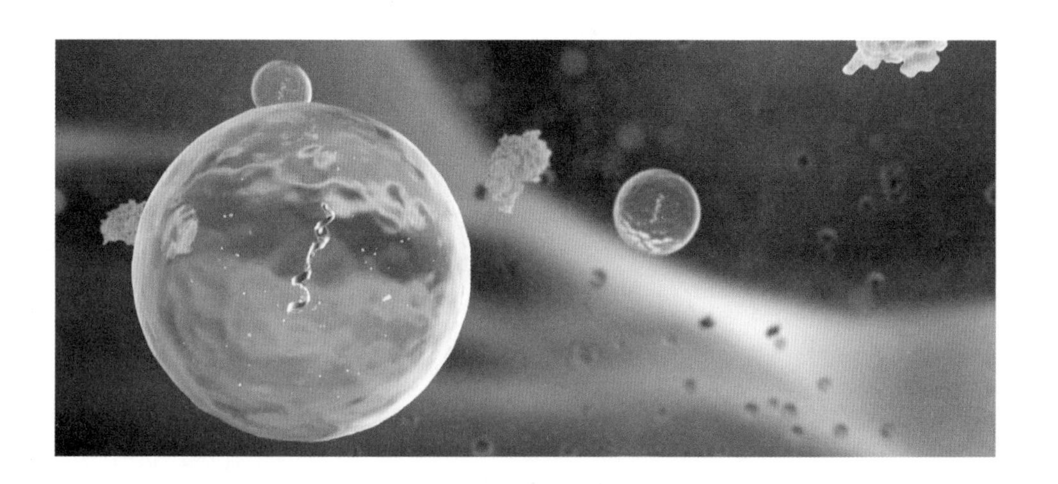

的遗传物质，似乎能指挥大脑中的未成熟细胞，长成少突胶质细胞。美国芝加哥大学的研究人员在2014年2月的《神经胶质》杂志上报道，当他们从年轻大鼠的血液中抽取外体，注入年老大鼠体内后，年老大鼠的髓鞘质（构成髓鞘的物质）水平上升了62%。

研究人员还发现了在体外培养细胞，获取外体的方法，使其作为一种潜在的“药物”，根据需求进行生产。美国芝加哥大学的神经科学教授理查德·克雷格（Richard Kraig）说：“通过刺激源自骨髓的免疫细胞，我们可以在培养皿中模拟自然的环境强化作用。”

克雷格的研究团队目前正在研究，如何将外体应用到多发性硬化症的治疗中。他与同事在《神经免疫学杂志》中发文称，在患有多发性硬化症的大鼠的脑组织中，实验室培养的细胞分泌的外体，能够刺激受损脑组织产生髓鞘质，让髓鞘质的水平恢复到正常值的77%。

该研究小组的成员之一、神经生物学博士——阿亚·普西克（Aya Pusic）认为，他们接下来打算看看从免疫细胞中提取的外体，能否在患病的活体动物中发挥作用。普西克说，如果一切顺利的话，这项研究将可能在5年内进入人体试验阶段。

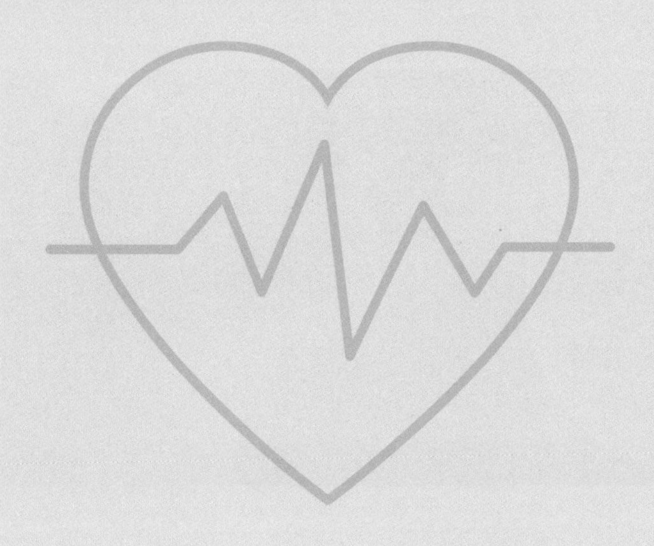

话题四

探秘内心世界

常言道：女人心，海底针。人类的内心活动一直是多变而玄妙的。你是否想过有一天可以对话自己的内心，捕捉到心灵的言语？什么是灵感，它真的灵验吗？你的心情能否掌控在自己手中？资深的投资银行家为何能把工作和自我分得很清？你的心理健康也是属于公司的无形资产？科学如此玄妙，请跟随科学家一起走进神秘的内心世界吧！

捕捉内心语言

撰文 | 费里斯·贾布尔（Ferris Jabr）
翻译 | 高瑞雪

一位人类学家试图将人们的内心想法记录下来。

每一天，都有数以百万计的谈话穿梭回荡在大街小巷。而所有这些谈话，都有更难以捉摸的话语与之对应，且在数量和复杂程度上也不相上下——那就是我们频繁地在头脑中和自己说的话，虽然这在独处时出现得更多，但即使当我们正与他人对话时也照样会发生。

心理学家试图捕捉这些被称为“自语”或“内部言语”的内心对话。英国曼彻斯特大学的人类学家安德鲁·欧文（Andrew Irving）的记录方式是，在纽约市街头，让过往行人戴上连接着数字录音机的麦克风耳机，然后大声讲出自己的想法，而欧文则带着摄像机紧随其后。

当然，有时人们对着麦克风说话时，仿佛是在试图取悦他人。而且，通过让人们把自己的想法说出来，再用录音机录下来，而捕捉到的内心言语，仅仅是人们思维中以语言形式存在的部分，不包括那些以图像和场景形式发生的部分。尽管如此，欧文的视频仍是对稍纵即逝的思维的永久记录，让活跃的思想过程绽放在现实之中。

在一个视频中，一位名为梅雷迪思（Meredith）的年轻女子沿着曼哈顿市中心的王子街漫步。她短暂地想了下，附近是不是有家史泰博办公用品店，然后就想起最近拜访过的朋友琼，她的这位朋友，据我们所知，患有癌症。接下来的一两分钟，梅雷迪思都在想她朋友的情况，然后思想不由自主地滑到了

"琼不在了之后的纽约"。突然，她注意到一家咖啡厅，以前她曾经坐在那里，看着人来人往。在感叹了一下这家店已经面目全非后，她又开始继续寻找史泰博门店了。

梅雷迪思飘忽不定的想法很像是弗吉尼亚·伍尔芙（Virginia Woolf）的小说《达洛维夫人》中克拉丽莎·达洛维（Clarissa Dalloway）那四处游走的思想。欧文的视频想必会深得伍尔芙的喜爱，她所要表达的正是这种"寻常日子里的寻常心思"。

思维决定
信仰

撰文 | 戴西·格雷瓦尔（Daisy Grewal）
翻译 | 郭凯声

哈佛大学的研究人员发表了一篇论文，证明那些常常依赖直觉的人更有可能相信上帝。基于上述研究，加拿大研究人员在《科学》杂志上发表文章称，鼓励人们采用分析型的思维方式会削弱他们信仰上帝的倾向。

为何有些人比其他人更笃信宗教？对于这个问题，人们的回答常常集中在文化或教养所起的作用上。虽然这些因素很重要，但一些调研结果提示，我们是否信教，可能也与我们在多大程度上依靠直觉还是分析思考有关。2011年，美国哈佛大学的研究人员发表了一篇论文，证明那些常常依赖直觉的人更有可能相信上帝。这些研究人员还证明，鼓励“跟着直觉走”的思维方式会助长人们对上帝的信仰。

基于上述研究，加拿大不列颠哥伦比亚大学的威尔·格韦斯

（Will Gervais）和阿拉·诺伦扎扬（Ara Norenzayan）在《科学》杂志上发表文章称，鼓励人们采用分析型的思维方式会削弱他们信仰上帝的倾向。总体来看，这些发现提示，至少在一定程度上，宗教信仰可能源自我们的思维方式。

格韦斯和诺伦扎扬所做的研究是基于这样一种观点：我们拥有两种不同但互相关联的思维方式。它们常被称为"系统1"和"系统2"。理解这两种思维方式，对于解读人们在宗教信仰上的倾向可能有重要作用。"系统1"型思维依靠省事的"快捷方式"和粗略的经验法则，而"系统2"型思维则依靠分析性思考，通常比较慢，需要花更多的工夫。解决逻辑型和分析型问题，可能需要我们暂时禁用"系统1"型思考过程，以调动"系统2"型思考过程。心理学家已经研究出一系列巧妙的方法来帮助我们实现这一目标。利用这些方法，格韦斯和诺伦扎扬做了一个实验，试图确定"系统2"型思考过程的启动是否会让人们脱离对上帝和宗教的信仰。

在一项测试中，格韦斯和诺伦扎扬给受试者发了若干组单词（每一组有5个单词，随意排列，例如"high winds the flies plane"），要求他们先去掉一个单词，然后将剩下的单词排列成一个有意义的句子（在上例中，去掉"winds"后，可重排为"The plane flies high."）。如果在受试者重排的句子中含有涉及分析思考的单词（如“理由”或“深思”等），他们就不大可能认同“上帝是存在的”这种说法。而且，在这次测试开始前的几周，研究人员就询问过受试者是否相信上帝是存在的，结果表明，受试者之前的观点与这次测试的结果无关。

在另一项实验中，研究人员通过一种更微妙的方式来激活分析型思维：他们让受试者填写一份评估宗教信仰程度的调查表，但有些调查表上字迹清楚，有些则很模糊。已有研究表明，难于辨认的字迹会迫使受试者放慢速度，更仔细地思考他们读到的字句的意义，从而激发分析型思维。研究人员最后发现，如果调查表上的字迹不清楚，那么受试者对宗教的信仰程度就不如填写清晰调查表的受试者。

这些研究又一次揭示了我们的思维倾向对宗教信仰的影响，其中，许多倾向可能是与生俱来的。或许这也有助于解释，为何绝大多数美国人都愿意相信上帝：“系统2”型思维是需要下功夫的，而大多数美国人都倾向于偷懒——只要有可能，就尽量依赖“系统1”型思考过程。

灵感真的灵吗

撰文 | 罗尼·雅克布森（Roni Jacobson）
翻译 | 侯政坤

研究显示，突如其来的顿悟通常能给你正确的答案。

顿悟的时刻让人特别有满足感，一部分原因就在于，这样的灵光乍现时刻，会让一切突然变得豁然开朗，本来很零碎的东西突然就都归到了恰当的位置，而且还不是刻意努力的结果。可是，我们真的能相信这些突如其来的解决办法吗？《思维与推理》杂志上发表的一项研究给了我们肯定的答案。该研究表明，这个一般常识是正确的：顿悟真的能够为一些难题带来正确的解决方案。

美国西北大学的博士后研究人员卡罗拉·萨尔维（Carola Salvi）和德雷塞尔大学的心理学家约翰·库尼奥斯（John Kounios）及同事对大学生志愿者进行了4次智力测验，请他们猜字谜、画谜。在计时测验完成后，受试大学生要说出他们究竟是通过一步步思考（即分析的办法）得到了答案，还是在刹那间突然想到的（即顿悟）。

4项实验结果都显示，受试者因为灵光乍现想到的答案要比他们思考出的更准确。比如说，在一项实验中，38名受试者需要想出一个词，能和研究人员之前给的3个词合在一起形成复合词。比如“苹果”（apple）就能和“螃蟹”（crab）、“松树”（pine）和“酱汁”（sauce）分别组成“野苹果”（crabapple）、菠萝（pineapple）和“苹果酱”（applesauce）。受试者灵光乍现想出的答案准确率高达94%，而经过仔细思考得出的答案准确率只有78%。

这一结果可能与大脑的运转机制有关。因为顿悟过程基本上是在人的意识之外发生，所以它要么是全部，要么是没有——即脑子里要么在突然之间就有了完完整整的答案，要么就千呼万唤也出不来。库尼奥斯说，在之前进行的研究中，脑电图和功能性磁共振成像结果均显示，在顿悟发生前的一刹那，负责视觉处理的枕叶皮层会临时关闭或“闪烁”，灵感也就在那时倏忽而至。结果就是，顿悟很少出差错。相反，分析思维因为是意识产生的结果，反而常常百密一疏，出现推理错误。

这也并非是说顿悟就永远是上上策。萨尔维和库尼奥斯的实验所给出的问题都有明确的答案，要么对，要么错。因此，他们的实验结果也许不适用于现实世界的情况。现实世界里的问题往往是非常复杂的，需要好多天、好几个月甚或好几年才能得到解决。

美国哥伦比亚大学元认知与记忆实验室主任珍妮特·梅特卡夫（Janet Metcalfe，未参与此项研究）认为，“事实上，对于困难的问题，人们常常需要同时采取几种不同的策略才能找到解决办法，而且，有时候根本就找不到完美的解决办法。”

投资银行家的
心理控制策略

撰文 | 香农·霍尔（Shannon Hall）
翻译 | 侯政坤

资深的投资银行家一般都把工作和自我分得很清，也不会把情绪带到工作中。

对于大多数人而言，身份与工作密不可分。我们辛勤工作，以期寻找生活的意义；当在工作中受到批评时，我们会觉得人生灰暗，颇受打击。但是，资深的投资银行家却不会这样。他们把自我和工作分得清清楚楚，研究人员甚至给这种现象创造了一个新词——身份剥离策略。

该术语的灵感来源于一系列深度访谈。在历时2年的访谈中，研究人员一共采访了6名来自伦敦的资深投资银行家。这些银行家在受访时都描述了一些工作中的情形，在这些情形中他们不谋而合地都采取了身份剥离策略。比如说，在一次访谈中，一位银行家就提到了他脾气火爆的上司："我现在已经基本习惯了他劈头盖脸那一套，看得淡些也就过去了，我就想那只是针对我的工作，跟我本人没有关系。"

英国伦敦大学玛丽女王学院主攻创新和组织管理的玛克辛·罗伯逊（Maxine

Robertson，参与此项研究）认为，有效管控自己的情绪，可能是为了应付银行业高标准、严要求的工作环境。这种将自我最小化的方法其实是一种应对机制。这项发表在《组织研究》中的研究指出，受访的资深银行家都认为，只要钱挣得多，自我与工作在心理上脱节也无所谓。

不过，美国纽约的临床心理学医师奥尔登·卡斯（Alden Cass，未参与此项研究）非常担心一件事情，那就是这种心理脱节现象长期存在下去会对人们的心理造成危害。他说，当人们把挣钱看得比自己的心理健康重要时，到最后可能就会精疲力尽，甚至会生病、吸毒以及离婚。

鉴于此项研究参与者较少，因此研究结果可能并不适用于所有的银行家。但即使是这样一项小规模的实验，结果也是值得注意的。现在，主持这项研究的研究人员想知道，同样的心理操控是否会发生在其他领域中，比如学术领域。

员工心理健康等于公司资产

撰文 | 莉萨 · 德蔻克莱尔（Lisa DeKeukelaere）
翻译 | Lisa

关注员工的心理健康，不仅会使办公效率提高，还能减少巨额的医疗费用开支。因为在巨大压力和焦虑中的病患者，往往倾向于选择更为昂贵的检查和医疗手段。

关注员工心理健康的雇主们不仅能使办公闲暇充满欢声笑语，还将喜获一份大有改善的资产负债表。直线上升的医保开销以及不良的社会风气常使雇主们忽略员工心理保健的需求，然而这种忽视造成的开销远大于面对和解决它所需的开销。

身心双方面失调的职员对医疗保险的要求更高。

2006年，美国约翰·霍普金斯大学医学院的研究者们回顾分析了103项有关心理健康的学术研究，如保健开销、职员的生产力等，工作耐性、旷工情况和工作氛围等因素也包含在内。研究显示，那些身心双方面都失调的员工对医疗保险的要求比那些仅有身体问题的员工高出1.7倍。

究其原因，迫切寻求救治的员工在巨大压力和焦虑中，往往倾向于选择昂贵的检查和医疗手段，这或许是根源之一。另有研究发现，患有抑郁症的员工的工作效率可能比常人低1/7，而办砸工作的概率是同事的2.5倍。没有哪个企业需要这样的员工。

依据这份研究报告，发起这次回顾研究的阿兰·兰利勃（Alan M. Langlieb）教授总结到，最佳解决途径是“提高关注度，同时营造一个具有防范意识的工作环境”。他建议针对员工及管理层的培训企划“要像应战高血压和肥胖症那样，努力削去‘心理疾病’的一贯恶名”。兰利勃教授说，这样一来，员工们将更加积极主动、乐于配合，从而使保健师得以展开进一步的评估和治疗计划。

忽略干扰物
提升注意力

撰文 | 费里斯 · 贾布尔（Ferris Jabr）
翻译 | 王忻怡

神经科学家发现，集中注意力不仅仅是把焦点聚集在目标物上，忽略干扰物也可以做到。

想象你正在高速公路上驾车行驶，此时你必须从某个出口出去，但你并不知道这个出口的具体位置。当你仔细搜寻路边的出口标志时，大量的干扰信息会进入你的“视界”——广告牌、一辆时髦的敞篷汽车，或是仪表盘上方铃声大作的手机。此时，你该如何集中注意力，去寻找出口呢?

对于这个问题，神经科学家的回答一般是，大脑会强化我们对目标事物的回应——当发现目标物时，神经细胞会发出一个强烈的电脉冲刺激我们的大脑。然而2014年4月，《神经科学杂志》上的一项研究称，另一种神经过程同样能在集中注意力方面发挥重要作用——大脑会刻意减弱我们对干扰信息的注意，从而凸显出对目标物的关注。

上述结论来自于加拿大西蒙弗雷泽大学的认知神经科学家约翰 · 加斯帕（John Gaspar）和约翰 · 麦克唐纳（John McDonald）。他们让48名大学生通过计算机，接受注意力测试。这些学生需要在大量的绿色圆圈中，快速辨认出一个孤立的黄色圆圈，同时不能被更引人注目的红色圆圈干扰。为了全程检测学生的脑电活动，研究人员在他们的头皮上，安置了一些电极。记录结果表明，除了黄色圆圈，学生的大脑会持续抑制对其他圆圈的反应——这是研究人员首次直接检测到这种特殊的神经过程。

“神经科学家在很早以前就知道抑制作用存在，但他们并没有将抑制作用与注意力提升联系在一起，”麦克唐纳说，“我们已经弄清抑制作用是如何帮助人们排除外界干扰的。”这些研究也许将有助科学家了解，那些无法集中注意力的人，大脑到底出了什么问题。

别走神，电脑会发现

撰文 | 雷切尔 · 努维尔（Rachel Nuwer）
翻译 | 林清

神奇的电脑居然可以判断你的注意力是否集中。通过捕捉身体信息，计算机可以实时辨别用户是否在走神。

感到无聊时，你会哈欠连天，目光呆滞。一些不易察觉的动作会暴露一个人的内心，比如身体扭动、抓耳挠腮、位置移动，这类举动被称为“小动作”。如今，机器也可以像教师和公众演讲者一样，捕捉到这些坐立不安的信号。一项研究表明，如果计算机用户对屏幕内容感兴趣，就不太会走神，而算法可以通过捕捉这些身体信息，实时辨别用户是否对电脑屏幕上的内容感兴趣。

为了测试阅读者的投入度，英国布莱顿和萨塞克斯医学院的生理心理学家哈里・威彻尔（Harry Witchel）及同事招募了27名志愿者，让他们阅读马克・哈登（Mark Haddon）的小说《深夜小狗神秘事件》电子书的摘录，以及欧洲银行管理局的规程，同时计算机视觉系统会跟踪安放在志愿者身上的运动跟踪标记物。通过分析志愿者头部、躯干和腿部的运动，电脑可以判断志愿者的注意力是否集中。事实上，最后的分析表明，与阅读银行的枯燥条文相比，志愿者阅读小说时走神的时间少了近一半。

这项研究发表在了《心理学前沿》杂志上。英国伦敦大学学院的计算机科学家纳迪亚・贝尔图兹（Nadia Berthouze）说，这类“情感感知技术”正越来越受到研究人员的关注。威彻尔认为，一旦该技术趋于完善，教育工作者就可以将它用于数字课堂，及时识别走神的学生，并制订相应策略，让学生重新打起精神。该系统还可以帮助研究人员开发出能敏锐判断陪伴对象精神状态的陪伴机器人。

威胁面前：
女人抱团 男人走开

撰文 | 英格丽德 · 威克尔格伦（Ingrid Wickelgren）
翻译 | 蒋青

在承受压力时，男性志愿者处理人脸的关键脑区活动性减弱，相反，女性志愿者的相应脑区却更加活跃。这说明压力大的女性识别面部表情和移情的能力都增强了，这也是女人们在困境中出现抱团倾向的基础。

重压之下，或战或逃。长期以来，科学家都是这么教导我们的。然而，这样的反应可能只适用于男人。有证据显示女人在压力面前是如何相互照顾和扶持的，她们在抚育孩子和处理错综复杂的社交关系时，行为方式与男人完全不同。

准备好同仇敌忾了吗？面临精神压力的女人，负责移情的脑区活动性明显加强。

在加拿大蒙特利尔召开的认知神经科学协会2010年年会上，美国南加利福尼亚大学心理学家玛拉 · 马瑟（Mara Mather）和同事做了一个实验。他们让志愿者将手伸进冰水里——这个举动会使皮质醇（人体面对压力时分泌的一种激素）含量飙升。接着，他们让志愿者躺在大脑扫描仪下观察表情愤怒或者中性的人脸。

与没有承受压力的男人相比，承受压力的男性志愿者处理人脸的关键脑区

活动性减弱，说明他们正确评判面部表情的能力下降了。相反，承受压力的女人相应脑区却更加活跃；不仅如此，这些女人大脑中掌管“理解他人情感”的回路，活动性也大大加强。压力大的女性，识别面部表情和移情的能力都增强了，这也是女人们在困境中出现抱团倾向的基础。这种倾向可能最终演化成了女人保护孩子的一种手段。

美女是战争的根源

撰文 | 丽贝卡·科菲（Rebecca Coffey）
翻译 | 红猪

研究人员先向男性受试者展示女性照片，然后让他们阅读支持战争的陈述。结果发现，照片上的女性越漂亮，男性受试者对拥战陈述的认可度越高。当研究人员向女性展示男性照片时，她们对战争的态度没有什么变化。

给一个男人看一张美女照片，他在打牌时就可能更加大胆；如果知道一个大美女在看自己，他就敢闯红灯。人类这种冲动的行为表现，就好比动物用头上的角来表现自己的强大一样。这种行为是在向女性发出信号："和我在一起吧！我会为了保护你和孩子不惜冒险！"

提出这个观点的是中国香港中文大学的心理学家张雷（Lei Chang）。张教授和中山大学及湖北大学的同行共同探索了一系列问题：武器及其他军事物品是否具有和鹿角、犄角、冒险行为相同的引诱作用？它们能否让战士在交配权的争夺中对非战士占据上风？几位研究者还对战争本身进行了思考。他们注意到，士兵在进攻时的表现，和黑猩猩群体间的攻击行为十分相似。那么战争的真实目的是否是给男性创造机会，获得女性的青睐？

为了解答这些问题，张雷先向男性受试者展示女性照片，然后评估这些照片是否会明显影响男性对战争的态度。在2011年5月《个性与社会心理学通报》杂志的网络版上，张雷与合作者对自己的实验做了描述：他们让男性受试者阅读支持战争的陈述，然后就自己的认同程度进行打分。结果发现，照片上的女性越漂亮，男性受试者对拥战陈述的认可度就越高。而当照片上的女性不

漂亮时，男性受试者则没有这种反应趋势。另外，当研究者向女性展示男性照片时，她们对战争的态度却没什么变化，不管照片上的男性英俊与否。

张雷及其同事猜测，战争和资源掠夺之间的关联可能都深深地植根于男性心中，这些关联或许在我们进化成智人之前就已存在。不幸的是，千万年过去了，战争及掠夺的冲动仍然旺盛蓬勃。

用想象刺激瞳孔

撰文 | 詹森·戈德曼（Jason G. Goldman）
翻译 | 侯政坤

心理学家发现，即使没有光线的刺激，只靠想象明暗不同的场景，也可以使瞳孔大小发生变化。

几乎没有人会费神思考自己瞳孔的直径。事实上，我们对自己的瞳孔——这个位于虹膜中心、光线通道的开口并没有多少控制权。除了化学干预（例如眼科医师检查前会用滴眼剂来扩大病人瞳孔）之外，让瞳孔扩张或收缩的唯一方法是，外界光线的强弱刺激。把灯关掉，瞳孔就会自动放大以吸收更多光线；而身处阳光下，瞳孔就会自动缩小。

研究人员对瞳孔这种有点机械的工作原理非常感兴趣，他们想搞清楚，只靠想象明暗场景，是否也能达到和亲身经历同样的效果。挪威奥斯陆大学的认知神经科学家布鲁诺·朗（Bruno Laeng）和乌尼·苏鲁威特（Unni Sulutvedt）开展了一系列实验。

他们首先让志愿者观看电脑屏幕上不同亮度的三角形，同时监测志愿者的瞳孔。结果和预期一样，这些志愿者看到较暗的三角形时瞳孔会扩大，看到较亮的三角形时瞳孔则会缩小。

然后，研究人员又让志愿者在脑海中想象同样的三角形。令人惊奇的是，志愿者的瞳孔也会放大或缩小，就像观看那些三角形时一样。当朗和苏鲁威特要求志愿者想象更为复杂的场景，比如阳光明媚的天空，或一间黑压压的屋子时，他们观测到志愿者的瞳孔出现了同样的情况。

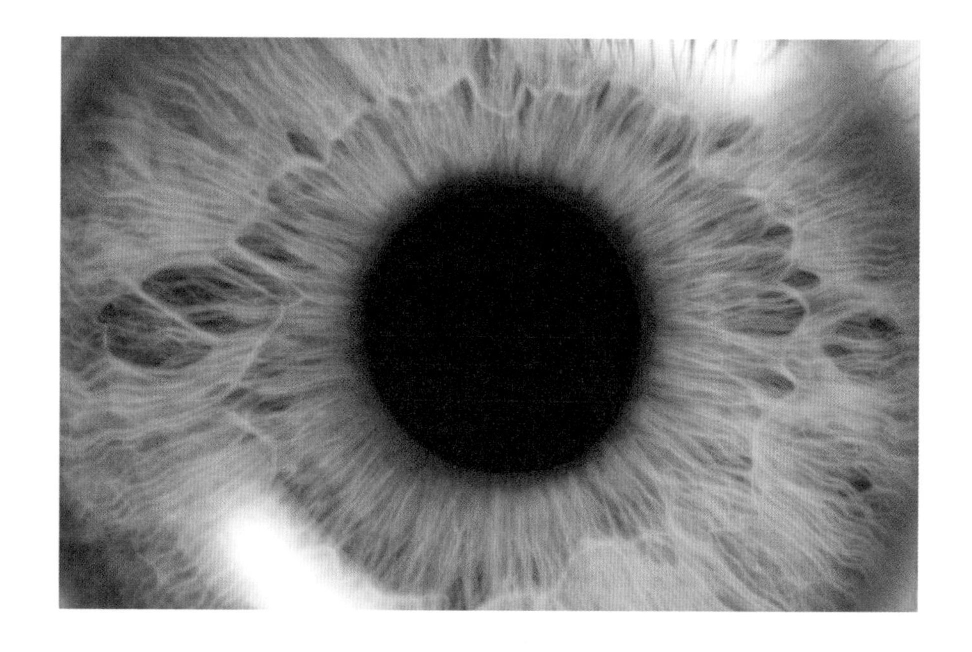

朗说，人们通常把想象看作是“私密而又主观的体验，不会引发强烈的感觉或是产生明显的生理变化”。但发表在《心理科学》上的这项发现挑战了这一观点。该研究表明，想象和感知可能依赖于同一组神经回路——当你在脑海中勾勒出一幅昏暗的小餐馆的画面时，你的大脑和身体就会做出某种程度的回应，仿佛你身临其境。

心理学家研究意识的常用方法是，向不知情受试者提供视觉刺激，而这项研究则完全不同，可算得上是一种有益的补充。澳大利亚新南威尔士大学的认知神经科学家乔尔·皮尔逊（Joel Pearson）评价说，新的心理意象研究采取了相反的方法，即在没有相应刺激的情况下，让志愿者自觉意识到内心所想的画面。也许，将这两种研究方法综合一下，会帮助科学家更好地理解意识是怎样工作的。

婴儿为什么会“失忆”

撰文 | 安妮·斯尼德（Annie Sneed）
翻译 | 张哲

人们记不住自己小时候的事情，可能是因为那时大脑正在快速发育。

我们很容易回想起10年前的事情——比如生日、高中毕业典礼或者去看望祖母，然而谁能想起自己尚在襁褓之中的事情呢?

一个多世纪以来，研究人员想找出造成“婴儿失忆”的原因。弗洛伊德（Floyd）将其归咎于早期性经历受到抑制，不过他的这一观点一直备受质疑。近年来，研究人员认为，这是因为婴幼儿缺少编码记忆所需的自我知觉、语言或其他心理禀赋。

不过，加拿大多伦多儿童医院的两位神经科学家——保罗·弗兰克兰（Paul Frankland）和希娜·乔斯林（Sheena Josselyn）却不认可这种语言或自我认知的解释。

巧合的是，人类并非是唯一会经历婴儿失忆的动物：小鼠和猴子也记不住自己婴幼儿时期的经历。通过动物实验，弗兰克兰和乔斯林提出了另一种理论来解释这些相似性：在儿童早期，大脑会快速产生大量新神经元，从而会阻碍大脑调出之前的记忆。

在一项实验中，科学家人为控制幼鼠和成年小鼠海马区神经元的生成速率。海马区是大脑中负责记录自传体事件的区域。结果表明，降低海马区神经元的生成速率，幼鼠的长期记忆力会变好。相反，加快成年小鼠海马区神经元的生成速率，它们的记忆力就会衰退。

研究结果发表在了2014年5月的《科学》杂志上，弗兰克兰和乔斯林由此推断，在婴幼儿时期，神经元的快速增长会扰乱负责存储以往记忆的大脑回路，使得人脑无法调取旧时记忆。同时，婴幼儿的前额叶皮层也尚未发育完全，这是大脑中另一个负责记忆编码的区域。因此，婴儿失忆可能是这两个因素共同作用的结果。

随着年龄增长，神经元的生成速率开始减缓，因此海马区在记忆生成与存储之间达到平衡。当然，我们依旧会忘记很多事情，不过这可能不是件坏事。

“我们经历的大多数事情都非常平凡，这是一个不争的事实，”弗兰克兰说，“为了让记忆功能健康运转，人们不仅需要能记住事情，还需要清除那些无关紧要的记忆。”没人需要记住诸如婴儿时期呼呼大睡、哇哇大哭以及满地乱爬这些琐碎事情。

婴儿天生能识别色彩

撰文 | 简·胡（Jane C. Hu）
翻译 | 颜磊

在色彩识别领域，生物学因素扮演的角色比我们以前认为的更重要。

我们常说，天空是蓝色的，小草是绿色的。但在越南语中，对天空和小草的颜色只用一个词形容：xanh（青色）。几十年来，认知科学家一直将这个例子作为证据，来说明语言决定了我们如何观察色彩。不过，一项针对四个月到六个月婴儿的研究表明，完全没到学习语言的年龄时，我们便能分辨出五种基本颜色。这一发现也暗示，生物学因素在色彩认知中起的作用，比以往认为的要大。

这项发表在《美国国家科学院院刊》上的研究，测试了170多名英国婴儿的辨色能力。英国萨塞克斯大学的研究人员记录了这些婴儿盯着色块的时间，以此来度量注视时间。首先，该团队让婴儿重复看同一个色块，直到他们注视时间变短——这意味着他们对这个颜色厌烦了。然后，研究人员给婴儿看不同的色块，并记录反应。更长的注视时间说明婴儿认

学习语言前，婴儿就会辨别颜色了。

为第二个色块的颜色是新的。婴儿的整体反应表明，他们能够区分五种颜色——红色、绿色、蓝色、紫色和黄色。

文章的第一作者、萨塞克斯大学博士生爱丽丝·斯凯尔顿（Alice Skelton）解释道，这些发现表明，“我们都遵循同样的颜色识别模式。你生来就具有区分颜色的能力，但在某些文化和语言中，一些颜色的区别可能存在，也可能不存在”。例如，学习越南语的婴儿很可能能够看出绿色和蓝色的不同，尽管他们的母语并不区分这两种颜色。

美国俄亥俄州立大学视光学院的实验心理学家安杰拉·布朗（Angela M. Brown，未参与此项研究）说，这项研究系统地调查了婴儿的色彩识别能力，研究结果说明，在我们学会用词语描述颜色之前，便能够认知它们。这让我们开始重新审视一些旧有的观念和理论，比如“天性还是教养”的辩题，以及萨丕尔-沃尔夫假说（认为语言结构决定人类思维方式及行动方法的假说）。

未来，斯凯尔顿和合作者打算继续对来自其他国家的婴儿进行测试。斯凯尔顿说：“语言和文化相互作用的方式真是有趣。虽然我们还不知道其中的机理，但我们确实知道可以从哪入手了。”

提高测谎准确性

撰文 | 卡特·朗（Kat Long）
翻译 | 李春艳

研究表明，虽然人们可以通过测谎仪以及说话者的面部表情、肢体语言和语气来识别谎言，但群策群力或许才是识破谎言的最好方法。

眼神躲闪、局促不安、手心出汗，这些都是电影里常见的用于识别说谎者的讯息。然而在现实生活中，要判断他人是否在说谎话，却绝非易事。即使是训练有素的专业人员，其测谎的准确率也仅仅略高于偶然猜测的结果。并且，对于测谎仪提供的证据，很多时候法庭并不认可，因为对于测试时该提什么样的问题，并没有一个标准。或许，对一些可疑的申辩进行讨论，能更好地判断他人是否在说谎。美国芝加哥大学的心理学家发现，相较于仅凭猜测或是仅由一人判断，由一群人来进行判断，更能提高测谎的准确性。

研究过程中，参与者需要单独或与他人一起观看一些陈述视频，之后判断视频里的人是在说真话还是在撒谎。

经过36轮测试之后，研究人员发现：在对真话做出判断时，由一群人判断或一个人判断，其准确性相差无几；但在对谎言做出判断时，由一群人判断的准确性比仅由一人判断的准确性高出8.5%；而由3人或6人组成的评判小组，在甄别谎言的准确性上并无差距。该研究负责人之一纳达夫·克莱因（Nadav Klein）说，在辨别真话与谎言时，一个人与多个人做出的判断之所以在准确性上呈现细微差距，主要是源于组内成员进行的对话能提供不同见解。通过与他人交流各自的观察结果，组内成员可以获得新的视角，得到更全面的认识。这一研究结果发表在了《美国国家科学院院刊》2015年6月刊上。

司法审判或许也可以据此进行相应的调整。例如，美国芝加哥洛约拉大学的心理学家斯科特·廷德尔（R. Scott Tindale）指出，在法庭上，法官不仅可以让陪审团客观地考虑庭上的证据，还可以让他们判断证人所说的话是否可信。而倘若司法审判真的照此发展，那么审议过程中或许会有更多针对证人可信度的讨论，也就更能识破谎言。我们不是倡导从众心理，但要说识破谎言这件事，交换意见显然是明智之举。

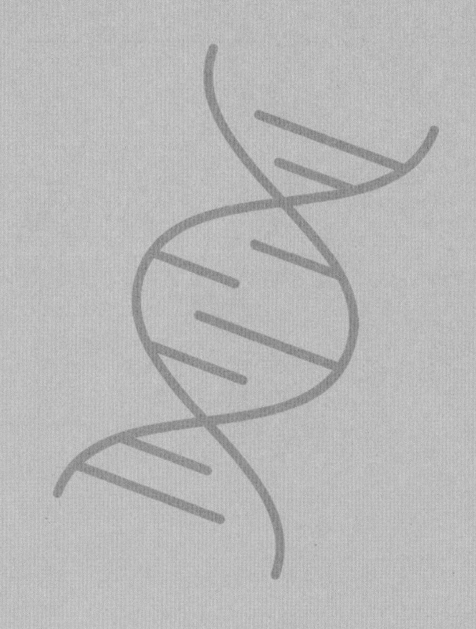

话题五
你的心情健康吗

生存空间越来越拥挤，工作压力越来越大，对自我的要求越来越高，倏忽变幻的生活环境让人类染上了躁动的不良习惯。心理问题的前因后果已成为现代人渴望了解的科学常识。夏日渐近，惊觉身材臃肿，一般人一定会认为因为吃得太多、运动太少，而科学家则给出了另一种推测。天气太热，莫名地想打人？觉得自己长得丑，不愿意见人？人人都想变得乐观，但乐观却有可能是陷阱？你的心情真的健康吗？

住得越挤
人越胖

撰文 | 阿拉·卡茨内尔松（Alla Katsnelson）
翻译 | 高瑞雪

美国一家实验室从1982年起，一直沿用相同的喂食和训练方式饲养狨猴和猕猴，这些猴子的体重在每个十年中都有所增加。究其原因，应该不是不健康的饮食结构和缺少运动。或许因为居住环境过于拥挤？

体重增加经常被归咎于不健康的饮食结构和缺少运动。但是，美国威斯康星州麦迪逊市的一家实验室从1982年起，一直沿用相同的喂食和训练方式饲养狨猴和猕猴，这些猴子的体重依然在每个十年中都有所增加。这让一些研究人员认为：环境因素可能也有影响。美国亚拉巴马大学伯明翰分校的生物统计学家戴维·艾利森（David B. Allison）及其同事统计了20,000只动物的体重变化，这些动物包括用于研究的灵长类和啮齿类、家猫、家犬以及城市野生鼠。他们追踪这些动物在每个十年中体重增加的百分比及肥胖概率，两项指标都呈现出了明显的上升趋势。黑猩猩每十年增重33.6%，老鼠增重12.46%。

艾利森推测，或许是某些扰乱内分泌系统的毒素侵入了供水系统，也可能是某种病原体大规模传播影响了哺乳动物的新陈代谢。一些人对他的研究持批评态度，认为他的数据可以用居住环境的改变来解释——或许是因为越来越多的实验动物被豢养在一个笼子里。对于居住环境可以影响新陈代谢的意见，艾利森表示同意，但人类的居住条件也正日渐拥挤。“这恰恰是一种创新思

维……我们认为我们的结论是有根据的，”他说，“如果居住密度影响动物体重，那么它很可能也会影响人类的体重。”

天气越热
报复心越强

撰文 | 迈克尔 · 伊斯特（Michael Easte）
翻译 | 蒋青

一项有关高温下心理学效应的研究表明：人们待在较热的房间里时，更容易将他人的举动视作怀有敌意。这也许可以解释夏季棒球场上的报复性投球概率更高的原因。

你们的投手砸中我们击球员的脸，我们的人也会拿球打爆你们的头——有证据表明，棒球运动里的这条“鼻青脸肿定律”竟然和天气脱不了干系。美国杜克大学富卡商学院的理查德 · 拉里克（Richard P. Larrick）及同事，仔细观察自1952年起美国职业棒球联赛的每一场比赛，留心报复性投球行为的发生。他们的计算表明，每个赛季大概会有19万次击球，其中约有1,550次以投手砸到对方击球员而告终。将比赛数据与天气数据相叠加，结果发现，在35°C气温下，击球员因为投手的报复性投球而被打中的概率高达27%，而在13°C时这个概率只有22%。“我们可没说天气热会增强所有行为的攻击性，”拉里克说，“但我们觉得，天气热能让一种特别的攻击性行为变强，那就是报复。”

早先一项有关高温下心理学效应的研究表明，人们待在较热的房间里时，实施报复的心理门槛就会降低，也更容易将他人的举动视作怀有敌意。拉里克等的新发现正好与之吻合。这恐怕可以解释夏季暴力犯罪率更高的现象（尽管学者们仍需要进一步认定，攻击行为增多到底是受气温影响，还是因为夏天里人们在大街上打照面的机会增加）。拉里克认为，他的研究也许能够揭开谜底。他说："研究棒球赛很有用，因为它可以去除现实生活中那些让人眼花缭乱的变量，它是可控的。"当然，前提是球迷们乖乖坐在看台上不闹事。

觉得自己丑也是一种病

撰文 | 蔡宙（Charles Q. Choi）
翻译 | 刘旸

功能性磁共振图像表明：总觉得自己丑是因为左脑掌管复杂细节的感知出现了故障，所以这些人看待世界的方式与常人不同。

受躯体变形障碍困扰的人，总认为自己很丑，他们常把注意力集中在身体某处不起眼甚至假想的瑕疵上。在这种情况下，患者可能会不断要求进行整容手术，自杀倾向也会越来越明显。

对自我形象的不正确认识，不仅与现代社会格外关注人们的外表有关，患者生理上的毛病也是很重要的原因：由于大脑视觉系统上的“故障”，他们看待世界的方式与常人不同。

美国加利福尼亚大学洛杉矶分校的科学家找来12名这类患者，让他们戴上特制眼镜，观看多个人的数码照片。在这些照片中，有的是原始照片，有的只是脸部

躯体变形障碍

又称自觉躯体畸形症，是一种罕见的精神疾病，患者会对假想的或者微不足道的躯体缺陷过度关注，造成心理压力，临床上表现出明显的精神痛苦，并损害患者的工作和社交能力。患者往往伴随有情感抑郁、焦虑、社交退缩或社会孤立。这种疾病最早于1886年被提及，那时被称为畸形恐怖。1987年，美国精神医学学会将躯体变形障碍认定为一种精神疾病，并于1987年将其记录在《精神疾病诊断与统计手册》第三版中。

线条勾勒图，还有的经过处理，减弱了雀斑、皱纹等面部缺陷。功能性磁共振图像显示，在此过程中，患者运用左脑的频率比正常人高，而左脑掌管着复杂细节的感知。这一发现将帮助人们维护大脑功能，以便更准确地感知面部特征。此项研究发表于2007年12月的《普通精神病学档案》杂志上。

金钱意识
让人自私

撰文 | 席亚拉·柯廷（Ciara Curtin）
翻译 | 王栋

美国心理学家发现：在潜意识中被唤醒金钱意识的志愿者，既不愿意帮助别人也不愿意寻求帮助。

钱能激励人们努力工作，也会助长自私行为。这样的结论也许并不让人感到意外，不过美国明尼苏达大学的心理学家却发现，仅仅是想到金钱，就会让人更不愿意帮助他人。研究人员先向一些志愿者出示与钱有关的单词卡片，例如“薪水”，或向他们展示一幅印有钞票的海报，在他们的潜意识中唤起金钱意识。另外一些志愿者则被示以游戏币或者无关金钱的中性物品。接下来，所有志愿者都被安排了不同的测试任务，这些任务与钱无关，却能评估他们在社会生活中的行为。结果发现，即使只是在潜意识中想到了金钱，一个人也会变得更不愿意帮助别人。研究还发现，一个人想着金钱时，即使面对困难，甚至面对不可能解决的难题，他们也不愿意寻求帮助。这项研究发表在2006年11月17日的《科学》杂志上。

听声音识别
情绪

撰文 | 安妮·皮哈（Anne Pycha）
翻译 | 李玲玲

有证据表明自闭症患者擅长捕捉由声音传达的社交信息。

古语云，脸是心灵的镜子。由于自闭症患者常常无法感知别人脸上快乐或悲伤的表情，许多研究人员认为，自闭症患者在处理社会信息方面存在障碍。不过，声音也能传达情绪，一些研究表明，自闭症患者在听人说话时，能识别出他人的情绪和其他一些人性化特点，并且不仅和正常人表现得一样好，甚至在某些方面更敏捷。

澳大利亚儿童健康电视节目研究所自闭症研究主管安德鲁·怀特豪斯（Andrew Whitehouse）指出，这些研究的样本量小且只针对高功能自闭症成人患者，不一定能代表更广泛的自闭症人群。美国波士顿大学心理学和脑科学教授海伦·塔格－弗吕斯伯格（Helen Tager-Flusberg）补充说，参与者在实验室表现良好，未必在现实世界的社交互动中也同样表现良好。尽管如此，这些研究表明，至少对特定情况下的某些小规模自闭症人群来说，情绪识别障碍可能主要局限于视觉。美国乔治·华盛顿大学自闭症和神经发育障碍研究所主任凯文·佩尔弗雷（Kevin Pelphrey）说："从自闭症治疗角度看，这是个好消息，因为帮助病人克服面部表情解读障碍，比治疗完全无法理解各种情绪的障碍容易多了。"

● 关于自闭症和情绪的三项研究

在一项实验中，美国内森·克莱恩精神病学研究所的丹尼尔·杰维特（Daniel Javitt）和同事，向患有自闭症的受试者展示表达快乐、悲伤、恐惧和愤怒情绪的面部照片。19位受试者在识别照片上的表情时，表现都很差。但当研究人员播放表达类似情绪的声音片段，让这些受试者从声音中识别情绪时，受试者的表现和对照组一样好。这项实验的结果发表在了2016年8月的《精神病学研究杂志》上。

日本大阪大学的神经科学家中野珠实（Tamami Nakano）和同事请患有自闭症的受试者分别对真人演唱和电脑合成的歌声进行打分。尽管在给真人歌声打分时，自闭症组与对照组表现有差距，但是在给合成语音打分时，14位自闭症受试者和正常人一样，在人性和情感表现方面给了合成语音低分。这项实验的结果发表在2016年8月的《认知》杂志上。

日本首都大学东京林爱范（IFan Lin，音译）团队开展了一项实验，以测试自闭症患者判断一个声音是否为人声时可以有多快（音频样本包括小提琴演奏出的和人发出的元音"i"）。结果表明，参与实验的12位自闭症患者不仅比正常人识别得更快，而且更准确，即使在重要声音元素缺失的情况下，也能轻松识别出人声。这项实验的结果在线发表于2016年5月的《科学报道》杂志上。

从压力中抽身

撰文 | 奇瑞恩·哈斯林格（Kiryn Haslinger）
翻译 | Lisa

两组志愿者分别观看不同的电影剪辑，20分钟后完成一份词语联想测试卷，结果看《怪物史莱克》的志愿者比看《拯救大兵瑞恩》的志愿者平均得分高出39个百分点。看来对大多数觉得有压力的人来说，一“剂”卡通片就足够了。

观看恐怖片或做公开演讲时所产生的紧张情绪将干扰人们的行事能力，常见的β受体阻滞剂就可以对付它。这个论断在美国俄亥俄州大学神经科学家戴维·贝弗斯多夫（David Q. Beversdorf）组织的两次科学实验中被双重肯定，实验结果也被写成两篇论文，于2005年11月发表。他说道：“当人们的身心放松下来，就获得了更佳的行事能力。”

在第一项研究中，作为志愿者的一组学生观看了20分钟《拯救大兵瑞恩》的电影剪辑，这是一部描写二战期间诺曼底登陆的影片。此后，他们完成了一份词语联想测试卷。第二组志愿者同样是在观看20分钟的电影剪辑后完成答卷，唯一不同的是，他们观看的是

动画片可以帮助你减轻压力。

动画片《怪物史莱克》。看动画片那组志愿者的测试分数比看战争片那组高出39个百分点。

贝弗斯多夫得出结论：观看紧张刺激的影片所造成的压力降低了人的心理应激能力。

在第二项对比研究中，第一组志愿者只需在一个房间里静坐闲读，而另一组志愿者则要在严肃的评审团面前进行演说。其中，演说者服用了一种β受体阻滞剂——普萘洛尔，普萘洛尔能阻断应激激素去甲肾上腺素的生成，是治疗高血压和偏头痛的常用药物。那些服用了普萘洛尔的志愿者在实验中明显比其他人镇定得多，且表现出更好的感知应激力。在确认这个效果后，实验人员展开了进一步的脑力、机体测试。

一种针对思维障碍应激症的疗法很有希望被用于医治严重抑郁症患者。而对大多数觉得有压力的人来说，一“剂”卡通片就足够了。

焦虑有时也有益

撰文 | 费里斯·贾布尔（Ferris Jabr）
翻译 | 高瑞雪

压力并不完全是坏事，在某些情况下，短期压力能够增强免疫力。

菲尔道斯·达布哈尔（Firdaus Dhabhar）喜欢拍摄婴儿打针时哭泣的镜头，不过他并不是个虐待狂。他认为，婴儿号啕大哭是个好兆头。达布哈尔是美国斯坦福大学的一名研究人员，他研究压力如何影响身体。达布哈尔和同事发现，与处于平静状态下的对照组小鼠相比，处于压力下的实验小鼠对牛痘疫苗表现出更为强烈的免疫反应。类似的情况也发生在人类身上。例如，通过研究进行膝盖手术的患者，达布哈尔发现，对即将到来的手术的焦虑，使得患者血液中的免疫细胞数量上升。诸如此类的研究已经使达布哈尔相信，压力并不完全是坏事，在某些情况下，它实际上可以促进健康。

达布哈尔和合作者对比了短期压力的益处和长期压力的影响，长期压力会抑制免疫系统，这一点早为人们所知。可是话又说回来，长期压力也能加剧过敏、哮喘和自体免疫性疾病等，而引发这些疾病的原因就是免疫系统过度活跃。所以，压力到底是激发还是抑制免疫系统呢？在这里，答案变得模糊，令人沮丧——生物学上经常遇到这样的问题。事实证明，答案取决于不同的情况和个人。短暂暴发的压力往往倾向于激活免疫系统的某些特定部分，相对而言，长期压力一般会抑制整个免疫系统，而且还会使良性组织更容易受到攻击。

在膝盖手术研究中，患者对于即将到来的手术，免疫系统产生的反应并不相同。有些人表现出灵活的适应性反应：他们血液中的免疫细胞数量在手术之前达到高峰，随后免疫细胞迁移到整个身体的其他组织中，从而又使血液中的免疫细胞数量下降。另一些患者的反应就要缓慢得多，适应性差得多：他们的免疫细胞水平基本没有离开基线。正如你可能想到的那样，那些具有适应性免疫反应的病人手术后恢复得更快。

对于这种个体差异背后的生物学机制，可能需要几十年的研究才能获得更加深入的理解。但是，现在我们至少可以肯定，当你打针时，感到紧张是没问题的——事实上，这还是一件好事。

基因长短决定
乐观悲观

撰文 | 蔡宙（Charles Q. Choi）
翻译 | 刘旸

英国科学家锁定了一种与情绪有关的神经递质——5-羟色胺。在大脑中，5－羟色胺转运蛋白控制着5－羟色胺的水平。体内这种转运蛋白基因较长的人倾向于关注好事，而体内转运蛋白基因较短的人恰恰相反。

一般来说，一个人要么总是关注好事，要么总倾向于看到坏事。一个普通的遗传差异可能是积极和消极倾向的症结所在。英国埃塞克斯大学的科学家锁定了一种与情绪有关的神经递质——5－羟色胺，并对97名志愿者对不同图像的喜好进行了研究。在大脑中，5－羟色胺转运蛋白控制着神经递质5－羟色胺的水平。体内这种转运蛋白基因较长的人，常常会将注意力集中在令人赏心悦目的图像（如巧克力）上，同时忽视负面图片（如蜘蛛）。体内这种转运蛋白基因较短的人对图片的反应则恰恰相反。刊登在2009年2月25日《英国皇家学

神经递质

指在神经元、肌细胞或感受器间的化学突触中充当信使作用的特殊分子。突触前神经元负责合成神经递质，并将其包裹在突触小泡内。当神经元发生冲动时，突触小泡会将其中的神经递质释放到突触间隙中。通过扩散作用，神经递质分子会抵达突触后膜，并与后膜上的一系列受体结合，起到激活第二信使系统等作用，进而导致突触后神经元的电位或代谢发生变化。

会会刊B辑》上的这一研究成果，能够帮助人们理解为什么有些人比较不容易焦虑或抑郁。这项发现也可能催生出新的疗法，帮助人们多注意事物阳光的一面。

你更容易看到哪一幅图像？乐观主义者常常会注意巧克力而忽视蜘蛛；悲观主义者则恰好相反。

乐观是一个
陷阱

撰文 | 阿拉 · 卡茨内尔松（Alla Katsnelson）
翻译 | 冯志华

以往大家都认为，乐观可以鼓舞自己达成目标。然而，一项研究表明，理想化的乐观想法会让人们丧失前进的动力。

所有持乐观想法（如想象自己会如愿以偿）的人都相信，这样的想法可以鼓舞自己达成目标。过往的研究也支持这一观点。然而，有研究显示我们或许要对该看法加以修正。如果过于笃信自己的愿望能美梦成真，反而可能让自己远离目标。

根据2011年年初发表于《实验社会心理学杂志》的一项研究的说法，一个可能的解释是，理想化的乐观想法会让人们丧失前进的动力。在研究中，科学家首先要求大学生志愿者想象自己正在经历一个美妙的体验（如打扮得非常时髦、引人注目，或者在作文比赛中夺冠，又或者在考试中拿到满分），而后再评估这类体验对志愿者本身，以及事件的实际发展进程的影响。当志愿者把事情想得太美好时，他们的能量水平（以血压来衡量）会有所下降，在真实事件中的体验要比想法更加实际，甚至悲观的人更糟糕。为了评估志愿者真实的生活体验，研究人员根据志愿者的报告，对比了他们为自己设立的目标及目标的实现情况。美国纽约大学的科学家希瑟 · 巴里 · 卡佩斯（Heather Barry Kappes，他是上述研究论文的作者之一）说："当你乐观地看待目标的实现——尤其是乐观情绪极度膨胀时，你会感到目标的实现似乎易如反掌。"这种做法会欺骗大脑，使之认为目标已经实现。这时，当事人"全力向目标进

发”的动力就会丧失。志愿者与其乐观地对困难视而不见，倒不如设想一下如何克服它。

这种方法亦可应用到体育运动中。发表在2011年7月《心理学观察》上的一篇研究报告指出，在赛前，尽可能考虑好比赛的种种细节，要比一味乐观地认为自己会夺冠更容易取得好成绩。“脚踏实地地准备，再加上必胜的信念或许才是取胜之道。”这份报告的第一作者、希腊色萨利大学的研究者安东尼斯·哈兹格奥尔加迪斯（Antonis Hatzigeorgiadis）说。

好奇心的负面效应

撰文 | 罗尼·雅克布森（Roni Jacobson）
翻译 | 季韬

人类的求知欲是如此强烈，以至明知道最后的结果会让自己受伤，却仍然为了满足好奇心而去寻求答案。

为什么人们喜欢打探前任的新恋情，阅读负面的网络评论，以及做其他一些明显会让自己不开心的事？一项发表于《心理科学》上的研究表明，这是因为人类对不确定的事物有一种天生的想搞清楚的内在需要。该项研究显示，人类的这种需求是如此强烈，以至明知道最后的结果会让自己受伤，却仍然为了满足好奇心而去寻求答案。

通过一系列实验（一共4个实验），美国芝加哥大学布斯商学院和威斯康星商学院的行为科学家，测试了学生为满足好奇心而接受不愉快刺激的意愿有多强。

在一个实验中，研究人员将学生带到一堆笔面前，并声称，这些笔都是之前别的实验用的。其中有一半的笔在被按时会释放电击。

研究人员告诉了27位学生，哪些笔会造成电击；而对另外27位学生，则只告诉他们，有一部分笔会造成电击。当单独位于房间时（并不知道自己才是真正的实验对象），相比那些了解情况的学生，事先不知道哪一部分笔会造成电击的学生，按动了更多的笔，也遭受了更多的电击。随后，研究人员又测试学生对其他令人不快的刺激的反应，包括指甲划过黑板的声音和模样令人厌恶的昆虫的照片，结果学生都表现出了类似的行为。

论文合作者之一、芝加哥大学的奚恺元（Christopher Hsee）教授说，探索新事物的动力深深根植于人类内心，不逊于人类追求食物和性的基本动力。好奇心常被认为是人类的一种优良本能——比如，它可以引导新的科学发现，但有时这般的探寻也可能会适得其反。美国卡内基梅隆大学的经济学、心理学教授乔治·勒文施泰因（George Loewenstein）是研究好奇心的先驱，他说：“好奇心可以导致人类做出自我毁灭的事情，洞察到这一点意义深远。”

然而，病态好奇心很有可能会“负隅顽抗”。在最后一个实验中，研究人员让一部分学生先想想看过恶心图片之后的感受，之后这些学生便不太会选择去看这样的图片。这些结果表明，人们若提前想象自己放任好奇心之后的后果，可以帮助他们决定是否值得为此努力。奚教授说：“考虑长期的后果，是降低好奇心负面效应的关键。”换句话来说，也就是不要去阅读网络评论。

保守秘密为什么会让人精疲力竭

撰文 | 马修·赫特森（Matthew Hutson）
翻译 | 宋娅

秘密对我们的伤害不在于隐藏秘密本身，沉湎其中才是罪魁祸首。

人人都有秘密。保守秘密有时会让人精疲力竭，但个中原因可能并不像大多数研究者长期认为的那样。一项研究不仅重新定义了“秘密”这个概念，而且还用一种全新的方式解释了其与抑郁、焦虑及负面健康状态的关系。研究将“秘密”定义为：想要隐藏某种信息的意图，不管你最终有没有将这种意图付诸行动。这会使我们觉得自己不真诚，从而伤害到自己，即使独处时也是如此。

《人格与社会心理学》杂志在线发表了美国哥伦比亚商学院心理学家迈克尔·斯莱皮恩（Michael Slepian）及同事的研究成果。在6项不同的研究中，他们通过网络调查了1,200位美国网民，同时还有312位在纽约市中央公园野餐的市民。调查内容包括38种人们最常保密的行为或身份特质。其中5项研究结果显示，被调查者平均每人拥有13种秘密（其中5种是只有自己知道的秘密）。最常见的秘密包括对感情不忠诚（在恋爱或婚姻关系中想要与其他人发生浪漫关系）、渴望恋爱（单身状态时）以及与异性有关的行为。他们在论文中将最常见的秘密用图表的形式形象地表现出来。想要获取更完整的数据，可以浏览网址www.keepingsecrets.org。

被调查者表示，与他人交谈时，他们会主动隐瞒自己的秘密，但在一个人的时候，却会更频繁地回想这些秘密（频率大概是隐瞒次数的两倍）。而回想得越频繁，他们越会说这种状态有损自己的健康。令人吃惊的是，主动隐瞒这一行为本身却不会对健康造成任何不良影响——这与研究者长期以来的想法是相悖的。另外4项在线上进行并以夫妻为受试者的同类研究，也报告了类似的结果。

斯莱皮恩建议，如果你有不得不隐瞒的秘密，那么你应该练习正念或通过匿名在网络论坛中寻求帮助，来避免沉湎于此对身心造成的伤害。

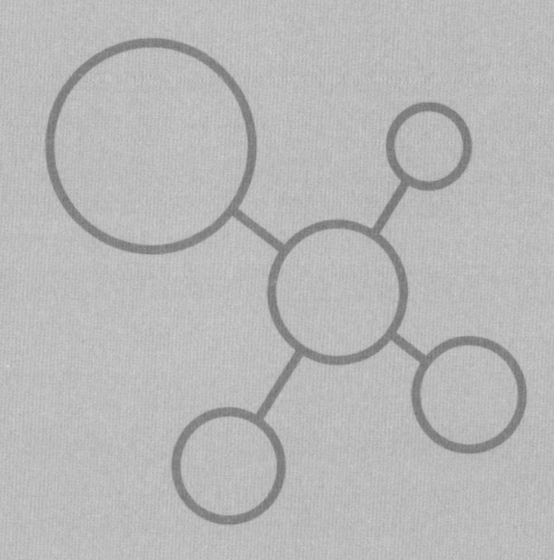

话题六 对精神疾病说不

汽车轰鸣，路人拥挤，钢筋混凝土筑起一个冰冷的现代世界，生活在其间的人们无处可逃、无可寄托。越来越多的人患上了精神疾病，甚至因此失去了年轻而鲜活的生命。也许返回古代那种悠闲生活，人就不会变得那么抑郁了吧！与其回避现实，不如迎头而上。科学家们从来没有放弃对精神疾病的研究，一步步挖掘“小头脑”里的“大世界”，揭示隐匿其间的千丝万缕的联系。让我们跟随科学家的脚步，一起去捕捉那些时隐时现的意识“泡泡”吧！

精神疾病诊断标准

编译 | 薛嵩

《精神疾病诊断与统计手册》第五版。

2013年5月美国精神医学学会发布《精神疾病诊断与统计手册》（DSM）的第五次修订版，以下是对这一版本的一些总结。

● 囤积癖升级为精神疾病

囤积癖是指过度堆积物品的行为，通常囤积的都是大多数人会扔掉的东西，比如垃圾邮件、不穿的衣服、旧报纸或坏掉的小玩意儿。

在DSM先前版本中，囤积癖被认为是强迫症的一种症状。但研究人员发现，在囤积者对他们的杂物做出何去何留的决定时，大脑活动与强迫症患者或正常人完全不同。在大量研究的支持下，囤积癖单独成了一种精神障碍。

● 重新使用成瘾一词，并引入赌博障碍

此前，DSM一直避讳“成瘾”这个词，在第4版DSM中用的是“药物滥用”和“药物依赖”这两个词。

第5版DSM放弃了这两个模棱两可的术语，将所有癖嗜和相关精神障碍都称为“物质使用障碍”，归在“物质相关和成瘾障碍”章节下，同时归入其下的还有赌博障碍。

● 孩子的暴脾气可以视为精神障碍吗

自第1版DSM以来，美国精神医学学会就认为双相情感障碍（以前称躁郁症）主要存在于成年人之中。然而，近二十年间，被诊断为双相情感障碍的美国儿童增加了4倍多。许多精神病专家认为，那些儿童并不具有双相情感障碍，所以美国精神医学学会针对他们设立了一种新病症：破坏性情绪失调障碍。

● 人格障碍部分依然混乱

几十年来，精神病医生都在呼吁，旧版DSM中，至少10种以上的人格障碍诊断标准存在重叠，这使其正确性受到质疑。为此，负责DSM中人格障碍部分的工作组成员为新版DSM起草了一份修改提议。但是，可能因为新诊断系统太过复杂，美国精神医学学会理事会最终投票否决了提议。

● 丧亲之痛可迅速导致抑郁

第4版DSM中对抑郁发作的定义为：抑郁症症状必须维持两周以上。但规定那些在近期失去至爱的人，若出现抑郁症症状，则不属于抑郁发作，除非症状持续达两个月以上。

第5版DSM中去除了这项例外。这次修订认为丧亲之痛是一种能够迅速促成抑郁暴发的强大压力。

● 设立自闭症谱系新类别

在第4版中，自闭症、阿斯伯格综合征、儿童崩解症和待分类的广泛性发育障碍是同一个章节中的四个不同病症。新版DSM将它们都合并到了“自闭症谱系障碍”这个新类别下。美国精神医学学会认为，这些病症非常类似，应将它们归入一个统一体而不是分别存在。

● 轻微精神病综合征没有晋级

美国精神医学学会起初提议在新版DSM中加入一个全新的精神障碍——轻微精神病综合征，专门针对有精神病前期症状，比如幻听或幻觉的儿童。但批评者指出符合提议标准的儿童中，三分之二并没有发展为严重的精神病。

在经过审议之后，美国精神医学学会最终认同了批评者的意见，将轻微精神病综合征从DSM的主要部分移到了第3部分——即在确定其为确切的精神障碍之前仍需进一步研究。

意识泡泡

撰文 | 费里斯 · 贾布尔（Ferris Jabr）
翻译 | 朱机

意识泡泡指的是突然之间毫无征兆地出现在意识中的知识片段，即突发念头。有些人比别人更常出现突发念头，突发念头可以加快解决问题的速度并激发创造力；但在精神病患者的意识中，突发念头或许从良性现象转变成了扰人心智的幻觉。

日常生活中，人们往往为了回想特定的信息而在记忆中搜索："我把车钥匙放哪儿了？""我到底关了煤气没有？"还有些时候，人们会主动追忆过去："还记得上礼拜出去疯玩的那个晚上吗？"但并非所有的记忆都是选择的结果，有些形式的回忆是不由自主的。最为人熟知的例子恐怕就是法国小说家马塞尔 · 普鲁斯特（Marcel Proust）的《追忆似水年华》。故事叙述者饮着茶、吃着小块的蛋糕，熟悉的味道使他回想起小时候在姑妈家饮着同样的茶、吃着同样的点心时的情景。科学工作者正在着手研究与此形式相关的一类记忆——突发念头，即突然之间、毫无预兆地出现在意识中的知识片段，如字词、图像或旋律

等等。美国加利福尼亚大学圣迭戈分校的名誉教授乔治·曼德勒（George Mandler）为此创造了一个词——意识泡泡。与普鲁斯特的那个例子不同，意识泡泡似乎与念头突起时的场景和想法完全无关，并且字词比图像、声音更常见，这些念头往往是在做一些不需要太集中精力的习惯性活动时发生的（比如洗碗时，脑海里突然无缘由地浮现出“猩猩”这个词）。最值得一提的是，要鉴别出周围环境中或先前想法中到底什么因素触发念头突然生成极其困难，它们就像是凭空出现的。

心理学家发现，这种突如其来的念头实际上不是随机出现的，而是与我们的经验和知识相关的，尽管线索很隐蔽。对突发念头的研究才刚刚起步，但目前的结果显示，这种现象是真实而普遍的。有些人注意到自己比别人更为经常地有突发念头，而频繁的灵光闪现可以加快解决问题的速度并激发创造力。然而在有些人的意识中，比如精神分裂症患者，突发念头或许从良性现象转变成了扰人心智的幻觉。曼德勒和英国赫特福德大学的心理学家莉娅·克瓦维拉什维利（Lia Kvavilashvili）提出，通常可以用某种启动效应来解释突发念头。启动效应描述的是一种记忆运转方式：每一条新信息会改变其后意识对相关信息的反应。“我们每天接收的信息中有大部分会激活意识中的某些表征，”克瓦维拉什维利解释说，“比如你路过一家卖炸鱼薯条的快餐店，不仅鱼的概念会被激活，还有很多和鱼有关的记忆也会受到刺激，并有可能在相当一段时间内保持被激活的状态，也许几小时，也许几天。接着，环境中的其他元素也许会触发这些已活跃的概念，于是产生了凭空而来的感觉。”她还说，这种现象能够激发创造力，是因为“当很多不同的概念在你的头脑里保持活跃状态，而不是被激活然后立马消失时，你就可以更有效率地连接这些概念”。

克瓦维拉什维利和同事在一项课题中研究了突发念头可能产生的负面效果。研究人员希望了解，在诸如抑郁症、创伤后应激障碍（PTSD）、强迫性神经失调等精神障碍的患者中所观察到的侵入性思想和幻觉，与日常不由自主的回忆有哪些相似之处。他们的研究结果刊登在《精神病学研究杂志》上，其中提到，精神病患者比健康人更为普遍地存在突发念头，但并没有足够的证据将

突发记忆片段与幻觉联系在一起。

克瓦维拉什维利还开展了多项有关意识泡泡现象的研究，尤其是突如其来的一段音乐“泡泡”，以及它们与不断在脑海中盘旋的歌曲有何关系。“关于突发念头的研究才刚刚起步，”她指出，“我对此很好奇，因为突发念头的出现似乎没有规律，却是对世界的一段真实认识。这告诉我们，潜意识往往知道一段经历的意义，即便我们未能意识到。”

精神分裂源于出生地

撰文 | 明克尔（JR Minkel）
翻译 | 冯志华

精神分裂症遗传吗？尽管不少人都认为这种病有遗传倾向，但研究人员只发现了少数几个关联性较弱的遗传风险标记。流行病学家的研究结果显示，生活在都市也是精神病的一种患病风险因素。

精神分裂症是否会遗传，这个问题的答案隐藏得很深。尽管在普通人群当中，只有不到1%的人会因为幻觉和思维错乱等症状被确诊，但如果父母有一方患有精神分裂症，他们子女患病的概率就会陡升至10%。不过，这种疾病的遗传基础仍有待发现。三个研究小组集中分析了8,000名欧洲裔精神分裂症患者的基因组数据，最终只发现了少数几个关联性较弱的遗传风险标记。

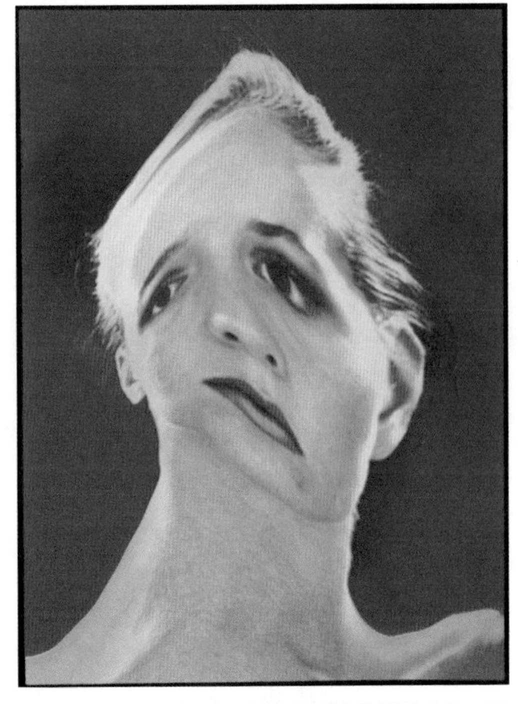

艺术家通过扭曲的视图来表现精神分裂的症状，这种疾病的遗传因素目前还很难解释。

对这些数据的分析于2009年7月1日发表在《自然》杂志网络版上。这些结果让不少科学家怀疑，对精神分裂症患者的基因组进行生硬的分析是否还有价值。“我认为我们需要暂停脚步，把疾病的风险途径想得再透彻一点儿。”美国纽约大学朗格尼医学中心社会与精神病学行动项目主任多洛雷斯·马拉斯皮纳（Dolores Malaspina）说。确切地说，遗传学的拥护者们或许应该为他们的同事——流行病学家腾出一小片研究空间。在过去的数十年间，后者已经累积了一系列令人振奋且彼此关联的研究结果。这些研究暗示，出生于都市和迁居状况有可能是持久的患病风险因素。

研究者相信，早在胎儿尚在子宫、大脑还处于发育早期时，精神分裂症发病的可能性就已露出端倪。如果母亲在怀孕期间患过流感或者营养不良，孩子的发病率就会轻微上升。如果新生儿患有缺氧之类的产科并发症，或者出生于冬春季，发病率也会上升。

从20世纪90年代开始，丹麦、荷兰和瑞典的一系列研究发现，生活在都市是一个独立的患病风险因素。其中规模最大的一项研究调查了175万名丹麦人，结果发现，出生在哥本哈根的人患精神分裂症的风险，是出生在乡村地区的人的2.5倍；出生在中等城市的丹麦人的患病风险介于二者之间。尽管这一患病风险的机理尚不明了，研究人员还是掌握了它的作用时间范围：出生后头15年里一直生活在大城市市中心的丹麦人，患病风险最高。

第二批重要发现则是，移民到欧洲的群体的精神分裂症患病风险比本土居民高。第二代移民的患病风险比他们的父母更高，风险最高的要数非洲裔移民。在英国的三个城市进行的一项研究表明，非洲裔加勒比人的精神分裂症发病率几乎是平均发病率的9倍，邻里构成似乎在其中发挥了作用。英国剑桥大学流行病学家詹姆斯·柯克布里德（James Kirkbride）和他在伦敦大学国王学院的同事发现，在南伦敦地区，邻里之间社会凝聚力越高，精神分裂症的发病率就越低。

尽管上述研究互不矛盾，但从事该领域研究的流行病学家发现，美国的学术期刊不太愿意发表那些探索人种与精神分裂症之间关联的研究论文。所以直到2007年，美国哥伦比亚大学迈尔曼公共卫生学院的米凯莱恩·布雷斯纳汉

（Michaeline Bresnahan）、埃兹拉·舒塞尔（Ezra Susser）及其同事，才慎重地发表了他们对加入凯萨医疗机构健康计划的12,000名加利福尼亚人的调查结果。结果显示，即使排除患者父母社会经济状况等因素，非洲裔美国人因精神分裂症而被医院收治的比例仍是白人的两倍。舒塞尔说，这些研究对象都参与了同一个健康计划，因此他们享有的医疗服务是相同的。

鉴于精神分裂症并无明显的生物学标记，怀疑者可能会质疑，相关诊断标准在各种不同的文化族群中是否都得到了严格的遵循。对于流行病学家而言，这样的争论根本没抓到要点。“目前的策略是，在一个给定群体中鉴别出重要的风险因素或预防因素。”舒塞尔研究团队中的博士生达纳·马奇（Dana March）评论道。

马奇说，她的初步研究显示，不论种族如何，凯萨医疗机构健康计划里出生在奥克兰县的研究对象中，出生于人口密集社区的人患精神分裂症的风险，是出生于人口稀疏社区的人的2～3倍。她说，老旧或过分拥挤城区中的居民可能接触到更多的有毒化学物质和感染因子，他们在成长初期或许也难以及时获得社会资源，以抵消这些心理疾病的诱发因素。

一个比较诱人的推断是，这种与邻里相关的风险因素或许揭示了一些持久的基因外改变，即为了应对环境而对基因组进行的化学修饰。如果真是这样，精神分裂症的病根就应该是地理因素与遗传因素联合作用的结果。

精神分裂症发病机理
有望破解

本刊记者 | 刘洋

特异性敲除*disc1*基因能影响约500个新生神经元，恰恰是这些新生神经元异常导致了认知和情感障碍。

2001年，一部以诺贝尔经济学奖得主约翰·纳什（John Nash）的真实故事改编的电影《美丽心灵》风靡全球。在将人间真情挥洒得淋漓尽致的同时，这部充满恬淡气息的电影还将一种精神疾病全景式地展现在了普通民众面前，这种疾病就是今天人尽皆知的精神分裂症。

迄今为止，人类仍未完全厘清精神疾病的致病机理。精神疾病成因复杂，遗传因素更被视为重中之重。其中，*disc1*基因目前被认为是最有价值的精神疾病的易感基因。*disc1*基因最早发现于一个苏格兰家族，其第1号和第11号染色体异常易位，凡携带者绝大多数发展成为精神分裂症、抑郁症、双相情感障碍等精神疾病患者。

上海交通大学研究人员李卫东博士，与美国加利福尼亚大学洛杉矶分校、约翰·霍普金斯大学等校研究人员组成的小组，即将目光聚集于此。在精神疾病研究上，该团队可谓硕果累累：该团队创建的LBD系统*disc1*转基因小鼠，被国际同行评为最优秀的精神分裂症小鼠模型之一，基于此模型的研究成果已先后两次荣获美国精神分裂症及抑郁症研究联盟的青年研究者奖。

在一篇已经发表于神经科学顶级期刊《神经元》上的论文中，李卫东团队发现，神经疾病中出现的情感和认知缺陷，可能部分源于成年期神经元发育过程的异常。哺乳动物中枢神经系统的发育主要在孕幼期，但特定大脑区域如海马齿状回却终身保持旺盛的神经元再生，这种成年期神经新生过程在学习、认知及神经精神疾病中的作用，吸引了科学界的广泛关注。

在前人研究基础上，李卫东研究组发现，在成年后的海马齿状回新生神经元中，特异性敲除*disc1*基因能刺激mTOR信号通路，使神经元过度兴奋进而导致形态学缺陷。非常重要的是，这一基因操作可影响约500个新生神经元，而恰恰是这500个新生神经元的异常导致了认知和情感出现明显障碍。

“*disc1*基因编码充当新生神经细胞的‘指挥棒’，指导新细胞到达适当位置，使它们完美整合入已有的复杂神经系统中。如果*disc1*蛋白不能正常工作，那么新神经元也许就不能正常融入已有的神经网路‘大家庭’。”李卫东研究组发现，如果可以提前抑制新生神经元，认知行为缺陷就可逆转，而一种已经获得美国食品药品监督管理局批准的抑制剂将有助于实现上述抑制效果。

在精神疾病治疗前景依然晦暗不明的今天，这一发现或将为医学界通过基因治疗改善大脑特殊区域基因缺失引发的认知和情感障碍，提供新的途径。

在培养皿中模拟精神病

撰文 | 蒂姆·雷夸斯（Tim Requarth）
翻译 | 张嵘

研究人员把精神分裂症患者的皮肤细胞转变成神经元，以此研究遗传背景非常复杂的神经精神疾病。他们发现，在精神分裂症患者中，神经元之间的连接要少于正常人。

大脑是人体中最难研究的器官。科学家可以从肝脏、肺脏和心脏中提取活细胞进行检查，但唯独大脑，要想从中提取活检组织仍是个难以实现的目标。

无法观测活的人脑细胞，已成为精神病研究的一大障碍。不过，科学家找到了一种新方法，或许会使精神分裂症、自闭症、双相情感障碍等精神疾病的研究与治疗迈上新的台阶。美国索尔克生物研究所的科学家从精神分裂症患者身上提取皮肤细胞，然后把它们转化成成年干细胞，再诱导这些干细胞分化为神经元。最后，他们得到了一些缠结在一起的大脑细胞，首次在细胞水平上，实时观测到了精神分裂症患者的脑细胞。而美国斯坦福大学的研究团队则跳过干细胞阶段，直接把人的皮肤细胞转变为神经元，使得这一过程更加高效、便捷。两个研究团队都已把研究结果发表在了《自然》杂志上。

科学家已经利用上述策略，研究过镰状细胞贫血、心律失常这两种疾病。但是，首次把这种方法用于研究遗传背景非常复杂的神经精神疾病的人却是索尔克生物研究所的弗雷德·盖奇（Fred H. Gage）所带领的团队。他们发现，在精神分裂症患者中，神经元之间的连接要少于正常人。而且，神经连接上的缺陷，似乎是由约600个基因表达异常所致——牵涉到的基因数量是此前认为的4倍。盖奇表示，凭借这种方法，精神病学家可以对大量药物进行筛选，从中找出最有效的一种，最终改进现有的精神病疗法。

尽管这类研究还处于初级阶段，但很多神经科学家为此兴奋不已。“这项研究为我们开创了一个新局面。”美国国立精神卫生研究所基因、认知与精神病项目的负责人丹尼尔·温伯格（Daniel Weinberger）说。虽然目前还不知道这种方法最终能达到什么效果，但它变不可能为可能，为科学家提供了一种新的实验方案。

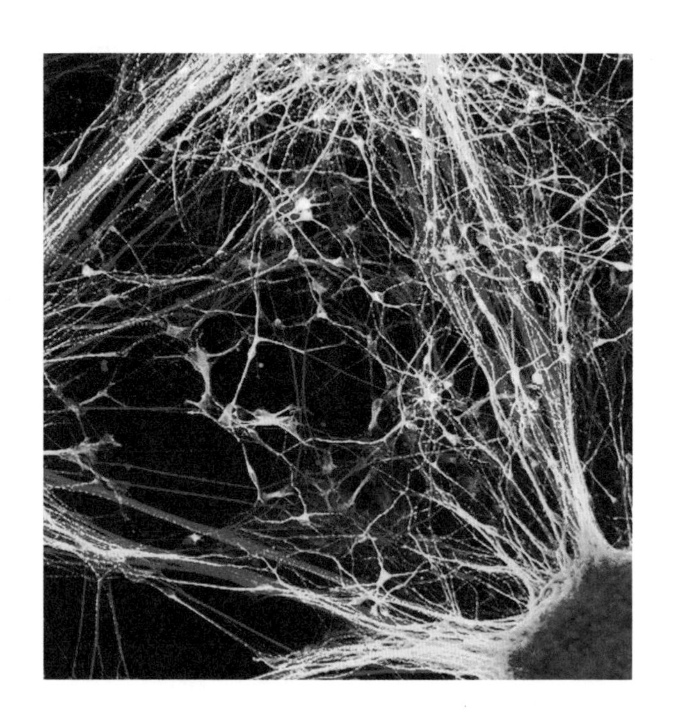

挤出的精神疾病

撰文 | 阿拉·卡茨内尔松（Alla Katsnelson）
翻译 | 冯泽君

大脑中的杏仁核区与控制情绪有关。德国科学家发现，城市居民的杏仁核活跃程度比农村居民高，这可能与住在拥挤环境中的居民更容易患精神疾病有关。

城市生活有时并不轻松。汽车轰鸣，路人拥挤，钢筋水泥不断侵蚀草木绿地，这些都是我们不得不忍受的事。早有研究显示，住在拥挤环境中的居民更容易患精神疾病，比如焦虑症和精神分裂症。那么，城市居民的大脑功能会不会也和郊区居民有所不同呢？研究显示确实如此。

2011年，德国科学家开展了一项标准化心理压力测试，受试者来自大城市、小城镇及农村。研究人员要求受试者在规定时间内做数学计算，同时对他们的大脑进行功能性磁共振成像。大脑中有一个脑区叫杏仁核，与记忆及情商密切相关。实验显示，城市居民的杏仁核活跃程度更高，在大城市居民中这种现象尤其明显。更令人惊讶的是，只要是在大城市长大的人，他的前扣带皮层（该区域可以调控杏仁核的功能）活跃程度就会更高，不管他成年后是否搬到郊区或农村。这些结果曾发表在《自然》杂志上。

拥挤对大脑的影响不论是在程度上，还是在特异性上都很令人吃惊，上述研究的负责人、德国曼海姆精神健康中心研究所所长安德烈亚斯·迈尔－林登贝格（Andreas Meyer-Lindenberg）说。但他还没弄清楚的是，当城市居民面对压力时，这些脑区为什么会变得更活跃。另有一项研究显示，当个人空间受到侵犯时，人的杏仁核和前扣带皮层也会更加活跃。迈尔－林登贝格认为，“这些现象可能都和拥挤有关”。

美国东北大学的心理学家莉萨·费尔德曼·巴雷特（Lisa Feldman Barrett）则认为，这些脑区的激活可以反映我们处理人际关系的神经机制。她在研究中发现，一个人社交网络的大小，与杏仁核的大小有关。这是不是说，杏仁核更大、更活跃，有助于我们记住更多的新面孔？

弄清楚这种现象背后的神经机制，有助于科学家以更快的速度回答上述及其他问题。传统流行病学研究需要招募大量的受试者和鉴别多种影响因素（比如城市生活与精神疾病的关系）。而如今，科学家只需少量受试者，就可以研究特定因素（如家中的噪声大小或距离绿地的远近）在精神疾病以及城市压力发生过程中的作用。迈尔－林登贝格将这一新领域称为“神经流行病学”，相关成果可帮助规划师在设计城市时，最大限度地融入解压元素。

HYSTERIC

失眠会导致
精神失常

撰文 | 尼基尔·斯瓦米纳坦（Nikhil Swaminathan）
翻译 | 刘旸

精神疾病可能导致睡眠障碍，但大脑扫描结果显示，缺乏睡眠也会引起心理疾病。

精神疾病可能导致睡眠障碍。不过，现在科学家告诫人们：缺乏睡眠也会引起心理疾病。美国加利福尼亚大学伯克利分校的马修·沃克（Matthew Walker）及其合作者对26名志愿者进行了实验，让其中14人连续35小时不合眼。随后，所有受试者都被安排看一系列照片——先是竹筐之类的中性景物，后来逐渐变成令人烦躁的图片，例如毒蜘蛛和被火灼烧的人。大脑扫描显示，缺乏睡眠的受试者看到越来越多可怕的图片时，大脑杏仁核的活跃程度比普通人超出60%。

沃克解释说，位于前脑的杏仁核控制着人的情绪，“似乎可以让人发疯”。杏仁核过度活跃，会让人的情绪变得不稳定，瞬间陷入烦闷、抑郁和狂躁之中。沃克说，睡眠拥有许多功能，其中之一便是使“我们情绪化的大脑为第二天的社会和情感交流”做好准备。他们的研究结果发表在2007年10月23日的《当代生物学》杂志上。

探寻精神疾病背后的生物机制

撰文 | 费里斯·贾布尔（Ferris Jabr）
翻译 | 谈笑

第五版《精神疾病诊断与统计手册》仍旧未能提供有关精神障碍的生物学背景知识，研究人员希望通过研究与不同精神疾病有关的基本认知过程和生物机制，来弥补其不足。

2013年5月，美国精神医学学会发布了第五版《精神疾病诊断与统计手册》（DSM）。这本修订时间长达14年的新版指南，为全球研究人员所热切期盼。新指南详细介绍了300多种官方承认的精神疾病的症状，如抑郁症、双相情感障碍（躁郁症）、精神分裂症等，从而帮助心理辅导师、精神科及普通科医生对病人进行诊断。

不过，该指南存在一个根本缺陷——它没有提供任何与精神障碍相关的生物学背景知识。

过去，对于这些知识的挖掘受制于该领域的科学水平。事实上，从第一版DSM诞生后的大部分时间内，人类对精神疾病的具体病因都知之甚少。

随着科学技术水平的发展，当前神经科学家已经了解大脑产生记忆、情感和注意力障碍的若干途径。从2009年起，临床心理学家布鲁斯·卡思伯特（Bruce Cuthbert）及其在美国国立精神卫生研究所的团队，根据相关研究建立了一个分类系统，该系统帮助人们对比健康和有精神疾病的大脑在结构与活动上的差异。卡思伯特声称，DSM的重要性不言而喻，因此尚不能被此分类系统替代。但他和同事都希望，该指南今后的版本能够提供与精神疾病相关的生

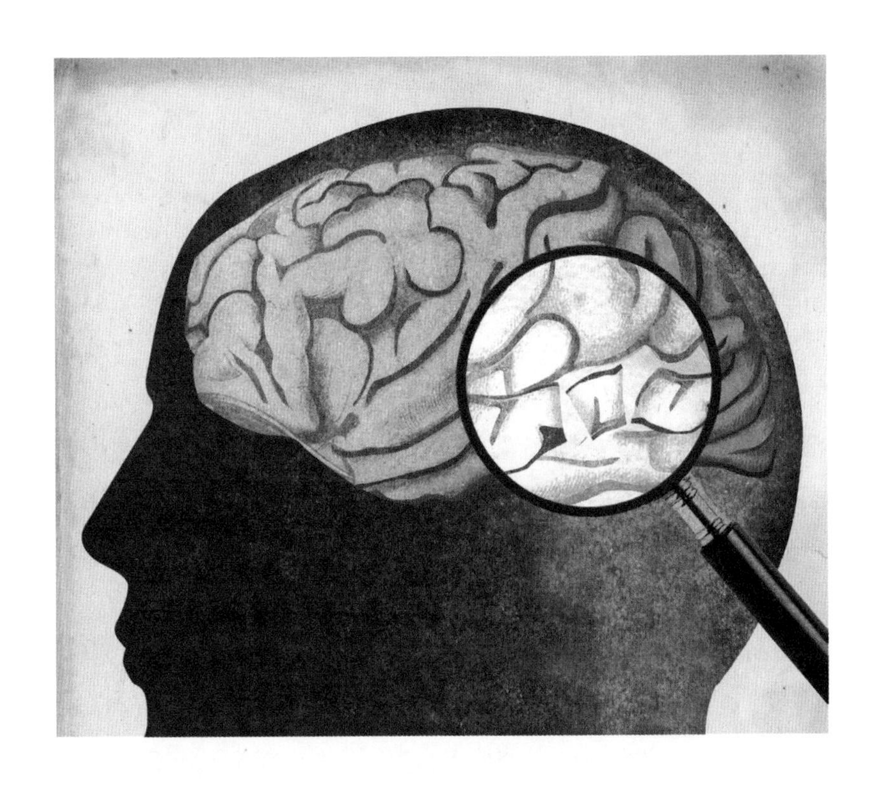

物学信息，以便更好地识别不同种类的精神障碍。

得益于计划开展的绘制“大脑活动图谱”项目，卡思伯特的研究将可能获得更多的资金支持。卡思伯特鼓励研究人员针对不同精神疾病进行基本认知过程和生物机制的研究。

通过这些研究，科学家或许能发现，用来察觉威胁及储存恐惧记忆的神经回路，在创伤性事件发生后产生异常机制的过程和原因，即哪些变化可能引发创伤后应激障碍。科学家亦可通过这些研究了解幻觉产生的神经生物学机制、昼夜节律失调的原因，以及大脑在染上毒瘾后的生物学特征。

这些研究的最终目标是，为相关疾病的药物治疗提供新的生物学靶点。如卡思伯特所言，“与过去相比，我们对大脑的认识程度大大加深了，可以说，我们正在经历一场大变革”。

威吓的
基因变化

撰文 | 蔡宙（Charles Q. Choi）
翻译 | 波特

一个人受到威吓后，中脑边缘多巴胺通路中的基因表达会发生剧变，美国研究人员破坏了脑回路中的相关调节物质，由此反转了大多数威吓激发的基因表达。

神经科学家发现了啮齿类动物受到威吓产生恐惧的基因。要是实验鼠经常被比它个头大的老鼠欺负，就会变得不合群，即使在面对比自己更加温顺的老鼠时，也会病态地恐惧。威吓显然是激发了所谓的中脑边缘多巴胺通路中基因表达的剧变，此路径是一种与奖赏和期望感觉相联系的脑回路。剧变导致309种基因表达被激发，另有17种基因表达被抑制，这种改变能够保持数周之久。起到通路调节关键作用的脑源性神经营养因子，是一种和抗抑郁活动有关的化学物质。美国得克萨斯大学西南医学中心的奥利维尔·伯顿（Olivier Berton）及其同事破坏了脑回路中这种因子产生的调节物质，由此反转了其中大多数被

多巴胺通路

多巴胺是一种脑内分泌物，属于神经递质。这种神经递质主要负责大脑的情欲、感觉，也与上瘾有关。多巴胺通路是大脑神经通路中的一类，在这类神经通路中，神经元之间通过多巴胺进行通讯，从而将信息从一个脑区传递到另一个脑区。最主要的多巴胺通路有4个：中脑—边缘通路、中脑—皮质通路、黑质—纹状体通路和结节—漏斗部通路。

威吓激发的基因表达。结果尽管实验鼠不断受到陌生老鼠的骚扰和折磨，但还是接受了陌生老鼠。这些发表在2006年2月10日《科学》杂志上的成果将对治疗抑郁症和外伤后的压力紊乱有所帮助，在这些病症中，社交恐惧是一种明显的症状。

起搏器治疗抑郁症

撰文 | 戴维·多布斯（David Dobbs）
翻译 | Lisa

小规模临床试验结果表明：在大脑皮质区深处导致抑郁、悲伤等症状的区域埋置电极，可使三分之二的顽固性抑郁症患者的症状得到改善。

2005年，加拿大完成的一项小规模临床试验结果显示，抑郁症的治疗方式可能会发生重大改变。对于一些药物治疗、精神治疗都无效，甚至电休克疗法也束手无策的顽固性抑郁症患者，医生通过在大脑内一个名叫“亚属扣带区域”的深度脑区，植入类似电极刺激的起搏器，可以使他们从病痛中解脱出来。海伦·迈贝格（Helen S. Mayberg）是参与此项研究的学者之一。在前往美国埃默里大学之前，她在加拿大多伦多大学启动了这项研究工作。迈贝格谨慎地提醒，这个小规模试验只有6例患者参与，故而试验结果都必须被看作是临时的，而不是最终的。话虽如此，6位顽固性抑郁症患者当中就有4位收到了明显而持续的疗效。

多伦多大学神经外科医生安德烈斯·洛扎诺（Andres Lozano）的做法是，通过在患者锁骨下方植入电池动力的电

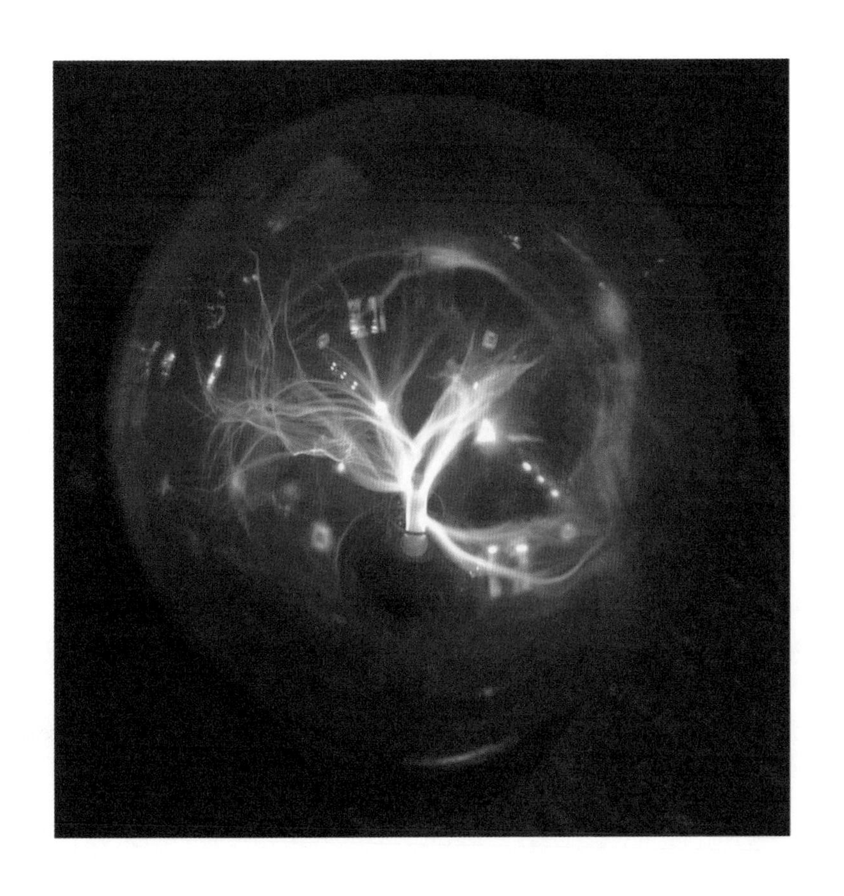

流发生装置，来驱动那些深入大脑亚属扣带区域的充满弹性、细如毫发的电极，电极传送着4伏、130赫兹的高频低压脉冲。亚属扣带区域位于大脑皮质区深处，迈贝格以前就已经发现，正是这部分脑区的活跃导致了抑郁、悲伤等症状。她认为，重症抑郁症患者的亚属扣带区域好比一个接通的开关，抑郁信号在畅通的回路里疯狂运行。

迈贝格的试验结果显示，规律地刺激亚属扣带区域可以中和它的激活状态。那4个症状得到改善的患者均在手术结束后立刻感觉到了明显的疗效。“他们如此形容，‘嘈杂和混乱消失了’，”迈贝格回忆道，“或者‘无边的空虚消失了’。”他们不仅仅改善了心境，更除却了病痛的煎熬。到2005年，也就是在植入电极一年后，4位患者的汉密尔顿抑郁量表得分由精神障碍20的高分降低到1～8——这是相当健康的范围。

迈贝格正致力于组织一次更大规模的试验，同时，也在寻找更精准的医疗装置。“我们在手术台上阻断了某样东西，”她说，“现在需要知道那到底是什么。”

汉密尔顿抑郁量表

由汉密尔顿（Hamilton）于1960年编制，用于反映与被试抑郁状态有关的症状及其严重程度和变化，有17项、21项和24项3种版本。它为临床心理学诊断、治疗以及病理心理机制的研究提供了科学依据，也是临床上评定抑郁状态时使用最普遍的量表。

阻止病变蛋白转移，治疗神经疾病

撰文 | 塔拉·埃尔（Tara Haelle）
翻译 | 林清

研究人员发现，随着年龄增长，越来越多婴儿潮时期出生的人患上了神经退行性疾病，现在他们正全力研究一种潜在的新疗法——阻止脑细胞中错误折叠的蛋白质的转移。

要治疗或预防一种疾病，首先要找出病因。几十年前发现的神经退行性疾病的病因，改变了阿尔茨海默病、帕金森病、亨廷顿病和肌萎缩侧索硬化症（ALS）等疾病的治疗状况——这些疾病的发作都与脑细胞中错误折叠的蛋白质的积聚有关。

通常情况下，发生错误折叠的蛋白质会被细胞清除，但随着年龄的增长，人体的这种控制机制逐渐退化，于是错误折叠的蛋白质开始累积。

比如，在亨廷顿病中，亨廷顿蛋白（一种可实现多种细胞功能的蛋白质）就会发生错误折叠。随着病变蛋白质的积聚，随之而来就会出现诸如肌肉控制困难、易怒、记忆力下降、冲动控制障碍、认知退化等症状。

越来越多的证据表明，错误折叠的蛋白质的积聚不仅是神经退行性疾病的标志，而且这种蛋白质在细胞间的扩散还会导致病情的恶化。研究人员已经发现，在阿尔茨海默病和帕金森病患者中，错误折叠的蛋白会在脑细胞间转移。2014年8月发表于《自然·神经科学》上的一系列研究显示，亨廷顿病的情况亦是如此。

在上述研究中，瑞士研究人员指出，病变脑组织中的亨廷顿蛋白质会侵入

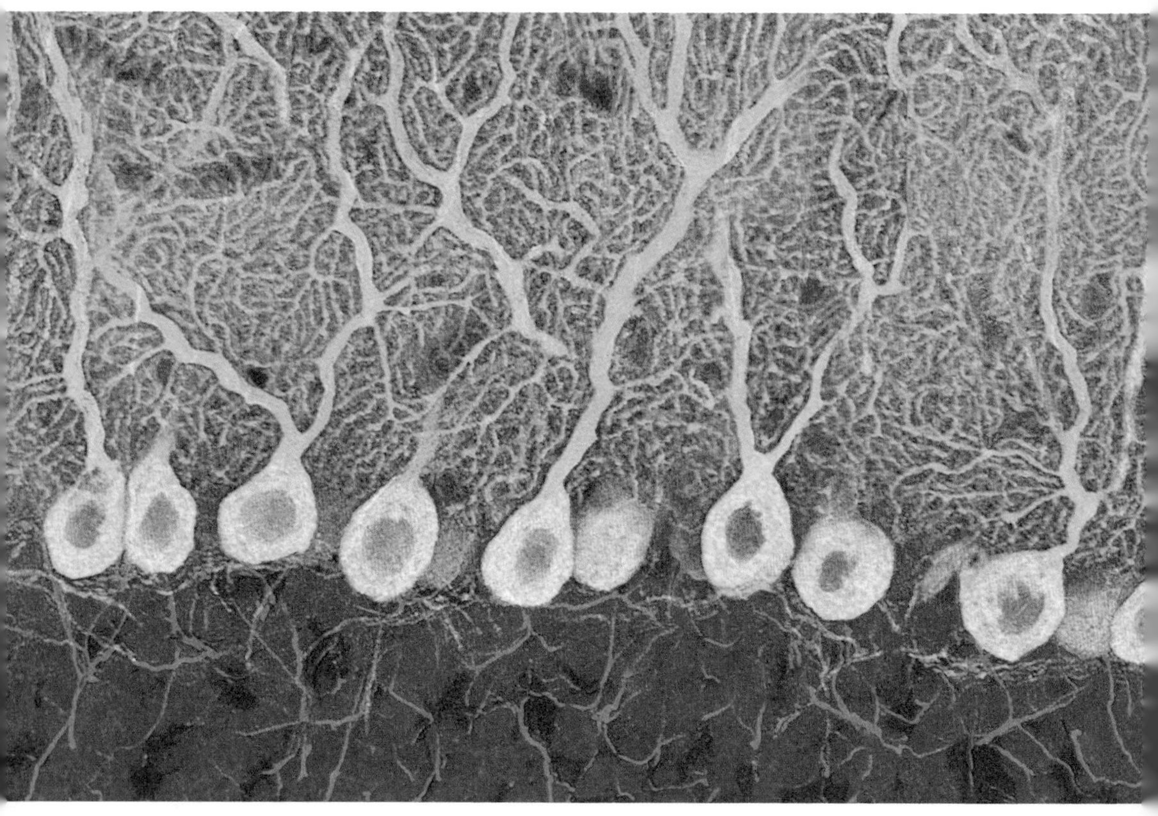

脑细胞中错误折叠的蛋白质的积聚，是神经退行性疾病的标志。

健康脑组织。此项研究负责人、瑞士诺华生物医学研究所的弗朗西斯科·保罗·迪·乔治（Francesco Paolo Di Giorgio）说，研究团队将病变蛋白注入活鼠脑内，一个月内，病变蛋白就会在神经元内传播——传播方式类似于朊病毒。朊病毒也是一种错误折叠的蛋白质，能在体内移动，将致病特质传染给其他蛋白质，疯牛病就是这样传播的。但迪·乔治认为，现在还不知道的是，亨廷顿病中错误折叠的蛋白质是否和朊病毒一样，也会传染其他蛋白质。

美国加利福尼亚大学圣迭戈分校的遗传学家阿尔伯特·拉·斯帕达（Albert La Spada，未参与此项研究）指出，科学家尚不确定，病变蛋白质的移动，是否会对疾病的发展起到决定性作用。不过，如果事实证明病变蛋白质的运动是疾病发展的“必经之路”，那么新疗法就可以锁定该通路。“如果我们能找到病因，”拉·斯帕达说，“就可以想出治疗方法。”而这些治疗方法同样也适用于其他神经退行性疾病。

接下来的一步至关重要。研究人员将试着阻止错误折叠蛋白质的扩散，并观察这样做是否可以改善症状或缓解病情。对于研究人员来说，最重要的就是找到这些疾病的疗法。单在美国，每年确诊的帕金森新增病例就约有5万例，而随着人口的进一步老龄化，到2030年患者人数将至少翻一番。

免疫药物可治疗心理疾病

撰文 | 苏珊娜·卡哈兰（Susannah Cahalan）
翻译 | 高瑞雪

新发现的用途可能会使一种调节免疫系统的药物供不应求，遭遇供应短缺。

随着免疫系统在各式各样的疾病（如强迫症和阿尔茨海默症）中所起的作用逐渐被揭晓，一种名不见经传的医疗方法正流行开来。有些人担心，如果临床试验证实，静脉注射免疫球蛋白（IVIG）这种疗法，在减缓阿尔茨海默症病情发展上确实有效，这种由捐献者血浆制成的药品，可能会遇到供应短缺。

虽然还没有弄清IVIG的全部工作原理，但是已知其中含有一种被称为免疫球蛋白G（IgG）的抗体，该抗体有助于抵御感染，调节免疫系统，降低炎症反应。20世纪80年代初，IVIG被批准商用。当时，这种药品用作原发性免疫缺陷病患者的替代抗体。不久之后，又在自身免疫性疾病（如多发性硬化症）中，做调节免疫系统之用。现在，在原有的批准用法之外，IVIG还有100多种其他用法，这也是该药物在市场份额中增长最为快速的部分。

IVIG可以治疗的疾病名单中还有一批精神性疾病，包括精神分裂症和强迫症的某些形式，而这些疾病可能也具有自身免疫方面的致病原因。现在医生经常把IVIG开给自身免疫性脑炎患者。自身免疫性脑炎是由于抗体攻击大脑，从而导致精神不正常和紧张症等症状的一组罕见疾病。现在还有一项预计在2016年完成的临床试验，正在研究IVIG对突发性的强迫症儿童患者的治疗效果。一些研究人员认为，突发性的强迫症可能是由穿过血脑屏障的链球菌引起的抗体反应所致。

研究人员还对IVIG能够延缓阿尔茨海默症的病情发展抱有希望。美国康奈尔大学威尔医学院的一项研究表明，IVIG可能会减少大脑中的异常蛋白质积聚，并消除由炎症引起的损伤。虽然将IVIG用于治疗阿尔茨海默症还处于后期试验中，但如果能够得到批准，其市场需求量将开始激增——每年提高7%至12%。

“这确实需要关注，因为IVIG并不是一种生产出来的药品，它不是无限的资源。”美国贝勒医学院的儿科、病理学和免疫学教授乔丹·奥林奇（Jordan Orange）说。医生们呼吁，重新审视IVIG的使用，在那些疗效不甚明显的用法上另寻替代药品。

虚拟头盔助力心理治疗

撰文 | 科琳娜·约齐欧（Corinne Iozzio）
翻译 | 马骁骁

虚拟头盔可以帮助心理学研究人员革新暴露疗法。

美国南加利福尼亚大学的阿尔伯特·里佐三世（Albert Skip Rizzo）从1993年开始，在研究中将虚拟现实技术作为心理治疗的一种手段。从那以后，包括他的研究在内的很多研究都表明，这项技术可以用于治疗各种心理病症，如创伤后应激障碍（PTSD）、焦虑、恐惧、成瘾等。但由于硬件问题，该技术一直未能广泛应用于临床。其实，虚拟现实技术需要的硬件设施并不复杂，只需要一个具有高分辨率和时间灵敏度的显示器，并且拥有足够宽的视野可以让病人具有身临其境的感觉，然后价格合适即可。然而，这样的产品一直没有出现。里佐表示："这是令人沮丧的20年。"

2013年，虚拟现实技术以游戏外设的形式进入了人们的视野，一款叫作Oculus Rift的头戴式显示器亮相了。这款虚拟头盔是发明者帕尔默·勒基（Palmer Luckey）为沉浸式游戏设计的，但来自医学、航空、旅游等领域的开发者们都被它迷住了。这款产品的影响力如此之大，以至于Oculus公司（现已被Facebook收购）专门在2014年9月为开发者召开了一次发布会。

将虚拟现实技术应用到治疗中的其他研究者：

马克思·奥尔蒂斯·卡塔兰（Max Ortiz Catalan）
查尔姆斯理工大学
幻肢研究

希勒尔·芬斯通（Hillel Finestone）
伊丽莎白·布吕耶尔医院
中风康复

佩吉·安德森（Page Anderson）
佐治亚州立大学
社交焦虑症

帕特里克·博德尼克（Patrick Bordnick）
休斯敦大学
海洛因毒瘾

朱塞佩·里瓦（Giuseppe Riva）
意大利发育学研究所
饮食疾病

Oculus Rift于2016年发售，不过它使用的部件基本都是现成的，例如屏幕就和智能手机一样。它配有一个多轴运动传感器，可以随着使用者的头部运动实时调整画面。最吸引人们眼球的还是它的价格，仅为350美元（通常，实验室中此类设备的价格至少为20,000美元）。

里佐是最早在心理治疗中使用虚拟技术的人之一。他的研究关注的是患有PTSD的士兵。在2010年的一项研究中，他让受试者体验到了可控的创伤情景。那项研究模拟的是战场的情景，这样患者可以再次感受到当时的情绪，并直面它。20位受试者在里佐搭设的虚拟现实环境中经历了10个疗程后，有16位的症状（如喜怒无常、抑郁等）得到了缓解，并且在三个月后没有复发。2014年8月，Oculus公司开始将接近成品的Rift虚拟头盔发放给研究人员。这样，里佐就可以用该设备进行研究了。

其他研究人员则用Rift虚拟头盔进行焦虑和恐惧症的治疗。在一项未发表的幽闭恐惧症的研究中，虚拟现实公司PsyTech的创立者、心理学家费尔南多·塔尔诺戈尔（Fernando M. Tarnogol）让受试者进入虚拟的壁橱。通过比对受试者的生理数据，研究人员认为他们几乎完全重现了真实情景。他们想在Rift虚拟头盔正式面世前后发布自己的虚拟壁橱系统。不过，Rift虚拟头盔并不是提供给一般用户让他们为自己治疗的，而是提供给专业医师的便捷工具。而在此前的几十年中，虚拟现实技术都只能在实验室中出没。